Verständliche Wissenschaft Band 111

# Siegfried Flügge

# Wege und Ziele der Physik

Mit 27 Abbildungen

Springer-Verlag
Berlin · Heidelberg · New York 1974

Professor Dr. Dr. h. c. Siegfried Flügge
Institut für Theoretische Physik der Universität Freiburg
7800 Freiburg, Hermann-Herder-Straße 3


Herausgeber der Naturwissenschaftlichen Abteilung
Prof. Dr. Karl v. Frisch, München

ISBN-13: 978-3-540-06588-3     e-ISBN-13: 978-3-642-95257-9
DOI: 10.1007/978-3-642-95257-9


Umschlagentwurf: W. Eisenschink, Heidelberg

# Vorwort

Das vorliegende Buch ist die erweiterte Ausarbeitung einer Vorlesung, die der Verfasser an der Universität Freiburg i. Br. während des Wintersemesters 1968/69 für Hörer aller Fakultäten gehalten hat. Einzelne Teile gehen noch weiter auf einen Vortrag des Verfassers vor der Wissenschaftlichen Gesellschaft zu Freiburg im November 1967 zurück, der in der Serie der Freiburger Universitätsreden veröffentlicht worden ist.

In der jetzigen, erweiterten Fassung wendet sich das Buch an alle naturwissenschaftlich interessierten Laien, denen es nicht nur darum zu tun ist, auf billigem Wege Wissensstoff zu erwerben, sondern ihn auch in den Rahmen ihrer Bildung sinnvoll einzuordnen. Deshalb wurde nicht nach Art eines Lehrbuches einfach der gegenwärtige Stand physikalischer Kenntnis geschildert, sondern versucht, die Wege aufzuzeigen, wie wir allmählich dorthin gelangt sind, wo wir heute stehen. Damit wird zugleich versucht, Einblick in die Art zu geben, wie naturwissenschaftliche Forschung zu ihren Ergebnissen gelangt.

Der Verfasser hofft, mit diesem Buch ein wenig dazu beizutragen, die unseligen Mißverständnisse zwischen Naturwissenschaften und Geisteswissenschaften abzubauen und in dem weiten Kreis der Gebildeten, denen die mathematischen Wissenschaften verschlossen sind, Verständnis für diese zu erzeugen und anzudeuten, einen wie bedeutenden Anteil sie an unserem kulturellen, nicht nur zivilisatorischen Fundament haben.

Der Text wurde in einer ersten Fassung von Herrn Studienrat Andreas Schölz in München gelesen, der als Nichtphysiker den Verfasser auf eine ganze Reihe von Stellen hingewiesen hat, die dem Laien besondere Mühe machten und deshalb der Umarbeitung bedurften. Auf ihn geht auch die Anregung zurück, durch die Erläuterungen im Anhang die bei einem weitgespannten Leserkreis notwendigen Unterschiede in den Vorkenntnissen dort etwas auszugleichen, wo einzelne, im Text verwendete Begriffe fehlen oder nur undeutlich erinnert werden. In der endgültigen Fassung wurde der ganze Text dann nochmals von Herrn Dr. G. Vollmer in Freiburg durchgesehen, der eine Reihe kritischer Bemerkungen und kleinerer Korrekturen beigetragen hat. Beiden Herren bin ich für ihre Mitwirkung sehr dankbar.

Besonderen Dank schulde ich dem Herausgeber dieser Reihe, Herrn Professor K. v. Frisch, dessen kritische Bemerkungen äußerst wertvoll für die endgültige Niederschrift wurden.

Hinterzarten, im Januar 1974 Siegfried Flügge

# Inhaltsverzeichnis


1. Kapitel. Einleitung . . . . . . . . . . . . . . . . . 1

2. Kapitel. Die Mechanik . . . . . . . . . . . . . . 5

3. Kapitel. Die Entwicklung der Optik . . . . . . . . 26

4. Kapitel. Relativitätstheorie . . . . . . . . . . . . 33

5. Kapitel. Das Aufkommen der Atomphysik . . . . . 64

6. Kapitel. Quantenmechanik . . . . . . . . . . . 74

7. Kapitel. Moleküle, Atome, Kerne . . . . . . . . . 82

8. Kapitel. Erzeugung und Vernichtung von Materie . . . 93

9. Kapitel. Das System der Elementarteilchen . . . . . 109

Anhang. Kurzbiographien und Erklärungen wichtiger Begriffe . . . . . . . . . . . . . . . . . 124

Sachverzeichnis . . . . . . . . . . . . . . . . 132

## 1. Kapitel

# Einleitung

Dies Büchlein soll ein Bild vom heutigen Stande der Physik in großen Umrissen entwerfen. Damit aber dies Bild nicht eine bloße Aneinanderreihung von mirabilia mundi wird, sondern auch der viel wichtigere innere Zusammenhang des engmaschigen Netzes von Tatsachen und Gedanken erkennbar wird, ist es notwendig, zuerst auf die zugrundeliegende Denkstruktur einzugehen. Dies läßt sich wohl am besten durch die Betrachtung ihrer geistesgeschichtlichen Entwicklung erreichen. Die erste Hälfte des Büchleins ist deshalb dieser Entwicklung gewidmet und zeigt an konkreten Teilgebieten, die dabei im Zentrum gestanden haben, wie sich die Methode der Physik allmählich herausgeschält hat, die in ihrer bewußten Eigenständigkeit kaum mehr als dreihundert Jahre alt ist, und welche Änderungen und Verschärfungen ihrer Denkstruktur während der letzten zwei Generationen eingetreten sind. Diese Methode ist ja keineswegs selbstverständlich, und ihre Zweckmäßigkeit, ja Notwendigkeit, kann letzten Endes wohl nur aus ihrem Erfolg heraus begründet werden, also aus ihren Ergebnissen und deren keineswegs trivialer Eindeutigkeit. Hierbei stellt sich fast zwanglos immer aufs Neue die Frage nach den Grenzen, innerhalb deren die Methode sinnvoll ist, Grenzen, die prinzipiell wohl niemals scharf gezogen werden können.

Im Vorstehenden wurde das Wort Physik nicht sehr genau umschrieben. Jede Wissenschaft läßt sich von ihrem Gegenstand und von ihrer Methode her definieren. Der *Gegenstand* der Physik ist die gesamte unbelebte Natur. In diesem Sinne sind auch Astronomie, Chemie und Geologie Teile der Physik. Die *Methode* der Physik umschreibt diese heute als den mathematisierten Teil der Naturwissenschaften. Dies läßt einerseits den bedeutendsten Teil der Chemie und Geologie außerhalb, kann aber andererseits auch zur Einbeziehung mancher biologischer Probleme führen. Beide Überschneidungen drücken sich deutlich in der Existenz solcher

Grenzgebiete wie Geophysik, physikalischer Chemie und Biophysik aus. Die Grenzen sind daher unscharf und verändern sich im Laufe der Zeit; dies ist von jeher so gewesen und eine reine Frage der Zweckmäßigkeit. Wir werden in diesem Büchlein mehrfach solche künstlich gesetzten Grenzen zu überschreiten haben.

Schwieriger ist die Abgrenzung gegenüber der *Philosophie*, um so mehr, als eine Definition der Philosophie schwer zu geben ist. Ihrer Intention nach umfaßt die Philosophie alle rationale Betrachtung; dann ist die Physik ein Teil davon und wahrlich nicht ihr geringster. Andererseits ist die Physik der Neuzeit im 17. Jahrhundert in bewußtem Gegensatz zu einer Philosophie begründet worden, die aus der Antike überliefert und im 13. Jahrhundert dem Christentum adaptiert worden war. Der zum Teil dramatische Kampf der neuen wissenschaftlichen Gesinnung gegen die Überlieferung, die damit verbundene Umwertung bestehender Werte, hat zunächst eine feindselige Atmosphäre erzeugt, die heute zwar gedämpft, aber leider immer noch deutlich spürbar fortbesteht und eine sinnvolle Anpassung unserer Bildungsideale an die heutigen Bedürfnisse erschwert.

In diesem Gegensatz des Alten und Neuen ist dem Alten sicher nicht volle Gerechtigkeit zuteil geworden. Liest man etwa Galilei, so schlägt einem eine Welle von Verachtung und Hohn entgegen gegenüber all dem, was er schlechtweg als Aristoteles bezeichnet und was großenteils nur die Mittelmäßigkeit seiner sich hinter pseudogelehrten Schanzen verkriechenden Kollegen war. Nun war Galilei sicher ein streitbarer Mann von cholerischem Temperament. Aber auch bei dem milden und freundlichen Kepler tritt dem Leser auf Schritt und Tritt der geballte Gegensatz entgegen, der diese Zeit des Neubeginns bewegt.

Man kann gewiß nicht, wie es im Kampfeseifer immer wieder geschehen ist, das, was die klügsten Leute zweitausend Jahre hindurch gedacht und geschrieben haben, einfach der Lächerlichkeit preisgeben. Man muß sich vergegenwärtigen, wie hoffnungslos auch das scharfsinnigste physikalische Denken blieb, solange die rechte Basis, auf der es aufbauen konnte, nicht gefunden war, und daß das Denken der Antike wie der Scholastik wesentliche Elemente zum Neubau auf dieser Basis beigetragen hat (Logik, Mathematik). Der Fehler lag darin, daß an vielen Stellen genauso weiter gedacht wurde, als sei die Basis noch immer nicht gefunden. Aber mehr noch als dies: Verachtet man die antiken und scholastischen Denker, so verfälscht man auch die Leistung dessen, was die europäischen Völker in jenem beispiellosen geistigen Aufbruch des 17. Jahrhunderts vollbracht haben. Die Gewinnung eines neuen Standpunktes, der so sehr der Tradition widersprach, von dem aus aber jene rapide zivilisatorische Aufwärtsentwicklung möglich wurde, die uns so weit von der Umwelt unserer Vorfahren entfernt hat und die immer noch anhält, war vielleicht eine noch bedeutendere Leistung, als es ein Aufbruch aus dem barbarischen Nichts heraus gewesen wäre, der sich nicht beständig mit den Schlacken einer hochentwickelten Tradition auseinanderzusetzen gehabt hätte.

Die *griechische Wissenschaft* hat stets einen starken Hang dazu gehabt, aufs Ganze zu gehen und sofort nach den tiefsten Ursachen zu fragen. Sie ist ungeduldig; sie verweilt nicht lange bei den Erfahrungen, die sie nur oberflächlich betrachtet und nicht in mühsamen Experimenten präpariert; sie entspricht zwar dem richtigen Empfinden, daß sich eine konkrete Wissenschaft nur auf saubere und unumstößliche Axiome aufbauen läßt, aber sie verkennt, daß es nicht möglich ist, durch reines Denken allein zu diesen Axiomen vorzustoßen. Dies gilt selbst für die hochentwikkelte Astronomie, deren saubere Messungsergebnisse erstaunlich wenig Einfluß auf die Weltbilder zeigen, die von den großen Philosophen mit merkwürdig geringem Bezug auf die Wirklichkeit entworfen wurden. Die Griechen haben uns deshalb auch als ihr bestes Erbe die Erfindung der *Mathematik* hinterlassen, einer Mathematik nämlich, die nicht praktische Rechenkunst ist, sondern auf ein Axiomensystem aufgebaut wird, aus dem sie allein durch logisches Schließen Sätze ableitet, wobei es unwichtig ist, wieviel die Begriffe, für die die Axiome gelten, mit den rohen Linien gemein haben, die Archimedes in den Sand zog und die der heutige Quartaner aufs Papier zeichnet und die der realen Welt angehören. Der Fehler der Griechen liegt offenbar darin, daß sie überall vorschnell zu den Axiomen vorzustoßen versuchten, um ihre Naturwissenschaft dann darauf aufzubauen. Sicher ist dies eine liebenswerte, ja achtenswerte Eigenschaft der Griechen, die zeigt, wie voller Ungeduld in ihrem Wissensdrang sie waren; allein, der Weg zu den Axiomen ist lang und beschwerlich, und es ist zweifelhaft, ob er überhaupt gangbar ist, wenn es sich um die Darstellung jener Dinge handelt, die den Gegenstand der Physik bilden.

2. Kapitel

# Die Mechanik

Die Physik nimmt von jeher ihren Ausgang von der Mechanik, d. h. also von der Untersuchung der Bewegungen tastbarer und sichtbarer Körper. Schon hier geht die griechische Wissenschaft ganz andere Wege. Aristoteles, der sie zuerst in ein System gebracht hat, beginnt mit einer fast unbegrenzten Verallgemeinerung des Begriffes *Bewegung*: Jede zeitliche Veränderung überhaupt wird einbezogen, der geworfene oder fallende Stein, der fliegende Vogel, aber auch das Ausbleichen eines gefärbten Tuchs, das Wachstum einer Pflanze, ja Geburt und Tod sind Bewegung. In dieser Allgemeinheit wird dann das Axiom ausgesprochen, daß jede Bewegung einer Ursache bedürfe. Wir empfinden Aussagen solcher Allgemeinheit heute als leer; daß sie sogar falsch sein können, zeigt Newtons Erkenntnis, daß zum mindesten für die elementare Mechanik nicht die Bewegung, sondern die Änderung des Bewegungszustandes einer Ursache bedarf. Die Ursache wird bei Aristoteles als „Beweger" (motor) bezeichnet[1]; der Beweger kann dem Bewegten innewohnen oder in Kontakt mit ihm stehen (motor coniunctus). Alle Fernwirkungen (actiones in distans) sind damit ausgeschlossen und damit eine Diskussion abgeschnitten, die später das ganze 18. und große Teile des 19. Jahrhunderts ausgefüllt hat und uns noch eingehend beschäftigen wird.

Vom generellen Bewegungsbegriff teilt Aristoteles nun erst den Begriff der *lokalen Bewegung* ab als den Gegenstand der Physik. Diese lokale Bewegung kann auch wieder aus eigenem Antrieb (per se) erfolgen, nämlich bei den Lebewesen, deren Motor die Seele (anima) ist. Bei unbelebten Körpern — und damit treten wir in die Physik in unserem Sinne ein — unterscheidet er zwischen natürlicher Bewegung (motus secundum naturam) und er-

---

[1] Im folgenden sind die lateinischen Ausdrücke angegeben, die seit der Scholastik üblich waren, also zu der Zeit benutzt wurden, als die moderne Physik begann.

zwungener Bewegung (praeter naturam, violentus). Hier drückt sich die Erfahrung aus, daß der fallende Stein keines Antriebs bedarf, zum Unterschied etwa zu dem von der Sehne geschnellten Pfeil. Die natürliche Bewegung wird vom natürlichen Ort (locus naturalis) innerhalb des Kosmos bestimmt. Nicht wirkende Kräfte, sondern Ordnungsprinzipien scheinen hier die Rolle der Ursachen zu spielen, wenn auch die Formulierungen so unscharf sind, daß auch die Scholastik noch voller Kontroversen über diesen Punkt ist. Das Ordnungsprinzip ist eine Art Schichtung der vier „Elemente": Erde — Wasser — Luft — Feuer in dieser Reihenfolge; die Himmelswelt wird dann noch ein fünftes Element, die quinta essentia, hinzubringen. Der Stein ist vorwiegend erdig, darum ist sein locus naturalis unten, und er fällt; der locus naturalis des Feuers ist oberhalb der Luft, so daß die Flamme aufsteigt.

Was kann Aristoteles nun mit diesen nicht allzu präzis formulierten Grundbegriffen anfangen? Beginnen wir mit der *Fallbewegung*. Hier bleiben zwei Fragen offen:

1. Warum fallen nicht alle Körper gleich schnell? Das Blatt, das der Herbst vom Baume löst, fällt ja offenbar viel langsamer als der Stein von der Felswand. Aristoteles gibt hierfür keine Begründung, versucht aber ein Gesetz zu formulieren, das in moderner Sprache heißen würde: Die mittlere Fallgeschwindigkeit ist proportional der Schwere des Körpers und umgekehrt proportional der Dichte des umgebenden Mediums. Es ist klar, daß dieser in engen Grenzen vermutlich gar nicht so ganz unsinnige Erfahrungssatz bereits versagt, wenn es sich um den Auftrieb eines Stückes Holz im Wasser handelt, bei dem sich sogar die Richtung der Fallgeschwindigkeit umkehrt. Schon im nächsten Jahrhundert hat Archimedes das besser durchschaut und gezeigt, daß es nicht auf das Verhältnis, sondern auf die Differenz der Dichten von Körper und Medium ankommt. Freilich hat Archimedes auch in typisch griechischer Weise seine Erkenntnis nicht zu einem besseren Aufbau der Mechanik verwendet, sondern sie für komplizierte mathematische Spielereien über Rotationsparaboloide benutzt.

2. Warum fallen die Körper nicht mit gleichbleibender Geschwindigkeit, sondern beschleunigt? Auch dies wird nicht beantwortet. Es ist aber sicher, daß sich Aristoteles des Vorhanden-

seins einer Beschleunigung bewußt ist, da er ausdrücklich bemerkt, eine natürliche geradlinige Bewegung könne nicht bis ins Unendliche gehen, da sonst die Geschwindigkeit über alle Grenzen wüchse.

Bei den *erzwungenen Bewegungen* behandelt Aristoteles mit einiger Ausführlichkeit im 8. Buch der Physik die *Wurfbewegung*: Nach den aufgeführten Axiomen ist der ständige Kontakt mit dem „Beweger" notwendig; also müßte der geworfene Stein sofort stillstehen (bzw. seine natürliche Fallbewegung allein übrig bleiben), sobald er die werfende Hand verläßt. Wir schließen auch hier wieder, daß eben seine Axiome nicht in Ordnung sind. Aristoteles selbst geht so vor, daß er im Rahmen seiner Axiomatik einen „Beweger" erfindet. Er sagt, die werfende Hand erzeuge in der angrenzenden Schicht des Mediums ein Vermögen zu bewegen (virtus movens). Schicht auf Schicht des Mediums übernimmt diese Potenz; dabei schwächt sie sich allmählich ab, bis die Wurfbahn ihr Ende erreicht und nur mehr die natürliche Fallbewegung übrig bleibt.

Ein anderes wichtiges Beispiel aus der aristotelischen Physik ist die Bewegung eines Fahrzeugs. Hier ist der Motor kein Problem; das Ruder bewegt das Schiff, das Pferd zieht den Wagen. Die Erfahrung lehrt, daß die Geschwindigkeit proportional zu der vom Beweger aufgewandten Kraft ist; bei konstanter Zugkraft bleibt auch die Geschwindigkeit konstant, und je schwerer der Wagen ist, um so größere Anstrengung muß das Pferd bei gleicher Geschwindigkeit aufbringen. So entsteht die Grundgleichung der aristotelischen Dynamik,

„Kraft" = „Schwere" × Geschwindigkeit,
in Zeichen:

$$K = G \cdot v.$$

Statt „Schwere" kann man vielleicht besser „Trägheitskraft" oder „Widerstand" (vis resistiva) sagen, da Schwere für Aristoteles nicht in die Dynamik gehört, sondern ein Ordnungsprinzip des Kosmos ist.

Das Gesetz kann übrigens nur gelten, wenn $K$ größer als $G$ ist; wird der Fahrwiderstand ($G$) größer als die Kraft des Pferdes ($K$), so kommt überhaupt keine Bewegung zustande. Würde man

$K — G \sim v$ schreiben, so sähe das Gesetz schon vernünftiger aus; vielleicht gehen in der aristotelischen Formulierung die Begriffe Quotient $(K/G \sim v)$ und Differenz $(K — G \sim v)$ durcheinander, ähnlich wie beim Auftrieb.

Besonders wichtig an dieser dynamischen Grundgleichung der aristotelischen Physik ist es, daß es dabei kein Trägheitsprinzip geben kann; Geschwindigkeit — nicht Beschleunigung — bedarf der fortwirkenden Anwesenheit von Kräften[2]:

> Omne quod movetur ab alio movetur.
> Cessante causa cessat effectus.

Diese Skizze der aristotelischen Physik gibt ungefähr eine Vorstellung von den Begriffen, die zu Beginn des 17. Jahrhunderts auf dem Gebiet der Mechanik herrschten, als die *neue Denkrichtung* ihren Lauf begann. Diese Denkrichtung ist wesentlich bescheidener; im Gegensatz zur griechischen Methode, die sogleich nach den ersten Ursachen fragte, beginnt sie mit relativ einfachen Beschreibungen und nimmt den Begriff Ursache erst einmal *naiv*, ohne ihn genauer zu analysieren, mit dem Erfolg, daß sie nicht sofort in einem philosophischen Morast stecken bleibt. Allmähliches Abbauen der Naivität, allmähliche Schärfung und Auswahl geeigneter Begriffe unter fortwährendem Vergleich mit Experimenten ist vielmehr der methodische Weg, den wir seither eingeschlagen haben. Ihn zuerst zu beschreiten, angesichts des Vorhandenseins einer unendlichen und jahrhundertealten Gelehrsamkeit im Rahmen der alten Methode, erforderte eine geistige Kühnheit, die noch mehr Bewunderung verdient als der Mut, mit dem die Pioniere der Wissenschaft sich zum Teil auch der Verfolgung durch die Mächtigen ihrer Zeit aussetzten.

Im Gegensatz zu der Tendenz, den Begriff der Bewegung recht allgemein zu fassen, fassen wir ihn nunmehr *so eng wie möglich*: Wir sprechen nur von der Bewegung von Körpern. Dabei teilen wir die möglichen Bewegungen eines ausgedehnten Körpers zunächst in drei verschiedene Typen ein: Der Körper kann seine Form ändern (Deformation), er kann sich um sich selbst drehen (Rotation, etwa um den Schwerpunkt), er kann sich durch den Raum

---

[2] Alles Bewegte wird von einem andern bewegt. Hört die Ursache auf, so hört auch die Wirkung auf.

fortbewegen (Translation, etwa des Schwerpunktes). Aber auch diese Beschreibung enthält noch zuviel Komplikationen. Wir schränken noch weiter ein und schließen von den drei Möglichkeiten die Deformation und die Rotation aus, indem wir ein vereinfachendes Modell — die *Punktmasse* — einführen, die nur noch einer Translationsbewegung fähig ist. Damit haben wir ein Problem — zugegeben, ein winziges Problem — herauspräpariert, das so einfach ist, daß wir es bewältigen können. Erst wenn uns das gelungen ist, werden wir wieder aufsteigen zu den beiden anderen Bewegungstypen.

Hier begegnet uns zum ersten Mal ein wesentlicher Zug unserer physikalischen Methode, bei dem wir einen Augenblick verweilen wollen. Die Wirklichkeit ist so vielgestaltig, daß nur Vereinfachung die Dinge zugänglich macht. Dazu gehört zweierlei, die *begriffliche Vereinfachung*, d.h. die Ersetzung der komplexen Wirklichkeit durch ein intelligibles *Modell*, und die *empirische Vereinfachung*, d.h. die Ersetzung durch das geschickt angelegte *Experiment*, in dem eben jene Züge, die das Modell von der Wirklichkeit bewahrt, herauspräpariert, und jene, die es nicht enthält, unterdrückt werden.

Das Modell der *Punktmasse* besteht darin, anstelle des tatsächlichen ausgedehnten Körpers einen ausdehnungslosen, eben einen Punkt zu setzen, der freilich die für die Mechanik wesentliche physikalische Qualität des Körpers, nämlich seine Masse, weiterhin besitzt. Die Vorteile dieses Denkmodells liegen auf der Hand. Nicht nur entfallen automatisch Deformation des Punktes und Rotation des Punktes um sich selbst, so daß Translation als einziger Bewegungstyp übrig bleibt; der Ort des Massenpunktes kann auch scharf angegeben werden, ohne weiterer Hilfsbegriffe, wie etwa des Schwerpunktes, zu bedürfen. Mit der Einführung des Modells notwendig verbunden ist aber Rechenschaft über die Grenzen, innerhalb deren es sinnvoll ist. Nur wenn sich experimentelle Anordnungen ersinnen lassen, die gerade die im Modell bewahrten Züge der Wirklichkeit bewahren und die im Modell unterdrückten Züge unterdrücken, ist das Modell von Nutzen. Für die Punktmasse ist es nicht schwer, solche Experimente anzugeben: Nur dann, wenn die Ausdehnung des Körpers, dessen Bewegung beobachtet wird, klein gegen die Abmessungen seiner

Bahn ist, können wir seine Ausdehnung vernachlässigen. In diesem Sinne kann sogar ein sehr großer Körper als Punktmasse behandelt werden, z.B. in der Astronomie unsere ganze Erdkugel, deren Radius 6370 km beträgt, wenn wir ihre Bewegung um die Sonne mit einem Bahnradius von 150 Millionen km betrachten: Der Bahnradius ist mehr als 20000mal so groß wie die Ausdehnung des Körpers, und das allein zählt hierbei, nicht die absolute Größe.

In der skizzierten Form ist dies Modell der Punktmasse im Grunde genommen der Ausgangspunkt im 17. Jahrhundert sowohl für die Begründung der terrestrischen als auch der Himmelsmechanik. Aber wie denn der Anfang der Wissenschaft naiv und die Hervorhebung dieses Modells erst ein Ergebnis späterer Reflexion ist, so findet sich der Begriff nirgends in der damaligen Literatur, sondern kommt erst im 18. Jahrhundert auf (point matériel), als die Mechanik die durch dies Modell gezogenen Grenzen ernsthaft zu überschreiten beginnt.

Das Modell gestattet die quantitative Verarbeitung der terrestrischen Versuche über Fall, Wurf, Pendel u. dgl., wie sie zuerst vor allem Galilei um das Jahr 1600 herum unternommen hat. Es gestattet ebenfalls die Behandlung der Planetenbewegungen und hat damit den für die Fortentwicklung des modernen Weltbildes entscheidenden Schritt ermöglicht, von der prinzipiellen Unterscheidung zwischen Astronomie und Physik loszukommen, d. h. die Vorgänge im Weltenraum mit den gleichen Gesetzen zu erklären, die der Versuch im Laboratorium aufzeigt, oder, wie Kepler es nannte, „von unten herauf zu experimentieren". In diesem Sinn ist auch der programmatische Doppeltitel von Keplers Hauptwerk zu verstehen: Astronomia nova seu physica caelestis, neue Astronomie oder *Himmelsphysik*.

Alle Welt weiß, daß Galilei aus seinen Fallversuchen — angeblich von dem schiefen Turm in Pisa herunter — geschlossen hat, daß verschieden schwere Körper für die gleiche Fallstrecke die gleiche Fallzeit brauchen. Dies steht in Widerspruch zur aristotelischen Physik, allein — so konnten seine Widersacher mit Recht erklären — es steht auch in Widerspruch zur Erfahrung. Gewiß, wenn ich zwei Bleikugeln nehme, von denen die eine 1 Pfund, die andere 2 Pfund wiegt (Galilei, immer dramatisch, wählt ein Schrotkorn und eine Kanonenkugel), so wird die schwerere nicht, wie Aristoteles meinte, in der halben Zeit der leichteren ankommen, und diejenigen seiner Widersacher, die daran festhielten, hatten gewiß gröblich Unrecht. Hier kann man Galilei nur beipflichten, wenn er schreibt[3]:

> „Ihr werdet mir nicht wie andere das Gespräch von der Hauptfrage ablenken und Euch an einen Ausspruch anklammern, bei welchem ich um Haaresbreite von der Wirklichkeit abweiche, indem Ihr unter dieses Haar den Fehler eines anderen von Ankertau-Dicke verbergen wollt."

Andererseits ist nirgends von Körpern wie Blättern und Federn die Rede, die tatsächlich langsamer fallen als Bleikugeln. Vielleicht war es ein psychologischer Fehler Galileis, sich mit diesem Problem zu wenig zu beschäftigen, das Opposition hervorrufen mußte. Das braucht uns hier nicht so sehr zu kümmern, wo uns der historische Vorgang nur am Rande berührt und es mehr darum geht, die Art unseres Denkens besser zu verstehen und einzusehen, daß sie keineswegs selbstverständlich ist.

Interessanter in diesem Sinne mag es sein, wie Galilei seine Experimente in den Discorsi stets in den Hintergrund schiebt und seine Ergebnisse durch theoretische Darstellung zu untermauern versucht. Er führt nämlich aus[4], es sei eine logische Notwendigkeit, daß alle Körper gleich schnell fallen, d. h. er glaubt gar nicht (wie wir es tun) an die Notwendigkeit seines Experiments, um festzustellen, wie das Fallgesetz wirklich ist, sondern er betrachtet es nur als eine Illustration zu einem Ergebnis, das auch ohne Experiment in ganz aristotelischer Denkweise durch logische Schlüsse allein gewonnen werden könne. Er argumentiert etwa so: Wenn ich zwei Körper habe, von denen der eine infolge seines größeren Gewichts nach Aristoteles schneller, der andere, leichtere langsamer fällt, und ich verbinde sie miteinander, so wird der langsamere den schnelleren bremsen, der schnellere den langsameren antreiben, und eine mittlere Geschwindigkeit wird die Folge sein. Da aber das Gewicht des vereinigten gleich der Summe

---

[3] Discorsi (Untersuchungen usw.). Deutsche Ausgabe von A. v. Oettingen in Ostwalds Klassikern, Bd. I, S. 59, Neudruck. Darmstadt 1964.

[4] Discorsi, Bd. I, S. 59.

der Gewichte der beiden einzelnen Körper ist, müßte der ver-
einigte Körper schneller als jeder von beiden fallen, womit der
Widerspruch herbeigeführt und die Voraussetzung als falsch auf-
gewiesen ist. Das ist Pseudologik: Was hieran nicht in Ordnung
ist, ist der Begriff des Gewichtes, der naiv genommen und nicht
präzisiert wird.

Solche Rückfälle in das gerade von ihm selbst überwundene
Argumentieren aus Prinzipien heraus schmälern nicht das Ver-
dienst, das Galilei im ganzen durch seine experimentelle Basis zukommt, und es gibt sehr charakteristische Stellen, die vollkommen
der neuen Art des Denkens entsprechen, so, wenn er sich zu der
Frage nach der Ursache der Beschleunigung bei der Fallbewegung
äußert, die, bei Aristoteles übergangen, den scholastischen Wis-
senschaftlern viel Kopfzerbrechen bereitet hat[5]:

> „Es scheint mir nicht günstig, jetzt zu untersuchen, welches die
> *Ursache der Beschleunigung* der natürlichen Bewegung sei, worüber
> von verschiedenen Philosophen verschiedene Meinungen vor-
> geführt worden sind ... Alle diese Vorstellungen müssen ge-
> prüft werden, und man wird wenig Gewinn haben. Für jetzt
> verlangt unser Autor (so bezeichnet G. sich selbst) nicht mehr,
> als daß wir einsehen, wie er uns einige Eigenschaften der be-
> schleunigten Bewegung untersucht und erläutert, *ohne Rücksicht
> auf die Ursache* der letzteren.“

Hier ist der Durchbruch vollzogen, und vor die zunächst so
fruchtlose Frage nach dem *Warum?*, die die Griechen zu schnell
glaubten beantworten zu können, die neue nach dem *Wie?* des
physikalischen Vorganges gesetzt. Wenn überhaupt, so müssen
wir erst einmal genau beschreiben, wie die physikalischen Vorgänge ablaufen, ehe wir nach den Ursachen fragen können. Wir
müssen ehrlich hinzufügen: Ob die Frage Warum? überhaupt
sinnvoll ist, wissen wir bis zum heutigen Tage nicht. Zugegeben,
wir sprechen oft genug von Kausalität, aber damit meinen wir
doch nur immer Verknüpfungen zweier Größen miteinander in
einer mathematischen Beziehung; sofort können wir aber weiter-
fragen: Was ist die Ursache jener Größe, die wir als die Ursache
einer anderen erkannt haben? Das Schwerefeld der Erde ist die
Ursache der Fallbewegung, schön, aber warum hat die Erde ein

---

[5] Discorsi, Bd. III, S. 15.

Schwerefeld? Wenn wir ehrlich sind, müssen wir zugeben, daß in bezug auf die Fallversuche die Physik nur in der Lage ist, das Schwerefeld der Erde aus der Massenverteilung der Erde zu berechnen und daraus für jeden Körper seine Fallbewegung vorherzusagen. An die Stelle einer unendlichen Vielfalt von Versuchen tritt ein allen gemeinsames Gesetz, aus dem man ihren Ablauf in jedem Einzelfall vorhersagen kann; warum aber das Gesetz so und nicht anders aussieht, bleibt völlig offen.

Wir müssen nun noch einmal zurückkommen auf die realen Abweichungen von Galileis Fallgesetz, wie sie sich etwa bei dem vom Baume herabfallenden Blatt zeigen. Es sieht so aus, als ob das Punktmassenmodell sehr anfechtbar sei, denn die Voraussetzung, daß der fallende Gegenstand (das Blatt) klein sein soll gegen die Abmessungen des Fallweges (die Höhe des Baumes), ist offenbar erfüllt. Im Falle des Blattes sagt uns die Anschauung sofort, wie es kommt, daß es nicht Galileis Gesetz befolgt; wir brauchen nur zu sehen, wie der Wind sein Spiel damit treibt. Die umgebende Luft verändert also den Bewegungstyp, bei der Bleikugel unmerkbar wenig, beim Blatt dagegen sehr stark. Galileis Gesetz ist also ein Gesetz, das nur für einen Grenzfall gilt, bei Abwesenheit der Luft, im Vakuum; andernfalls müssen wir den Einfluß der Luft als Korrektur hinzufügen, den Galilei vernachlässigte. Unsere heutige Experimentierkunst, die ein Vakuum herzustellen vermag, bestätigt diese Vermutung. Zu Galileis Zeit sah das anders aus: Guerickes berühmter Vakuumversuch mit den Magdeburger Halbkugeln auf dem Reichstag in Regensburg, der so etwas wie die Geburtsstunde der Vakuumphysik war, fand 1654 statt; Galilei ist 1642 gestorben. Solange es aber nicht möglich ist, das Fallmedium wegzupumpen, bleibt nichts übrig, als zu sagen: Je kompakter der Körper ist, um so geringer ist der Einfluß des Mediums auf seine Bewegung. Was aber ist Kompaktheit? Ein Maß dafür ist eben die Annäherung an Galileis Idealgesetz. Man sieht, hier kann sehr leicht ein Zirkelschluß herauskommen.

Daß Galilei das Bedürfnis gehabt hat, die Fallgesetze in einen größeren Rahmen einzuordnen, kann man daraus entnehmen, daß er sich mit großer Ausführlichkeit mit dem „Fall" auf der schiefen Ebene und mit dem Pendel beschäftigt hat. So schön diese Experimente sind — und gerade bei der schiefen Ebene erweist sich

Galilei als glänzender Experimentator — so gering ist ihre Überzeugungskraft, wenn man nicht entweder sehr naiv ist oder (wie wir es heute tun) das ganze System der Mechanik schon voraussetzt. Der Einfluß der Führungsrille auf den die schiefe Ebene hinabgleitenden Körper, die Rolle des Fadens beim Pendel, Einflüsse, die wir heute kurz als „Zwangsbedingungen" bezeichnen, sind im Grunde genommen erst hundert Jahre später verstanden worden, als man solche Bewegungen mit äußerem Zwang systematisch studierte. Mit anderen Worten, das Anhäufen neuer Experimente, die neue begriffliche Schwierigkeiten enthalten, hilft nicht viel zur Auflösung eines Problems.

Einen anderen Weg hat Newton[6] fünfzig Jahre später eingeschlagen, und sein Weg ist der Weg, der seither von den Physikern in analogen Situationen immer wieder mit Erfolg beschritten worden ist. Die Unterschiede der Fallbewegungen von Blatt und Bleikugel werden deutlich durch den Einfluß des Windes auf das Blatt; Ursache ist offenbar die Wechselwirkung mit der Luft, dem Fallmedium. Hat dies einen spürbaren Einfluß, so ist Galileis Modell zu einfach; der Einfluß des Mediums muß berücksichtigt werden.

Newton unterstellt also zunächst einmal die Gültigkeit von Galileis Gesetz als *Grenzgesetz*[7], das bei Abwesenheit der Luft, also im Vakuum, gelten müsse. Hierauf baut er eine wohldurchdachte theoretische Grundlage auf, in der der Begriff der Schwerkraft als meßbare Größe erscheint. Dann bleibt er in dem so gewonnenen Begriffssystem und fügt als weitere Kraft für den realen Fall den Luftwiderstand hinzu. Wie muß dieser beschaffen sein, um einerseits verständlich zu sein und andererseits die experimentellen Abweichungen von Galileis Grenzgesetz wiederzugeben? Während die Schwerkraft proportional zur Masse des Körpers ist, muß der Luftwiderstand von ihr unabhängig sein, damit er für ein Blatt trotz dessen geringer Masse groß werden kann. Daß er

---

[6] Isaac Newton: Philosophiae naturalis principia mathematica. London 1687.

[7] Dies war Galilei natürlich auch bekannt, vgl. das obige Zitat aus Disc. I, 58 und seine Bemerkung auf S. 65: „... glaube ich, daß, wenn man den Widerstand der Luft ganz aufhöbe, alle Körper ganz gleich schnell fallen würden."

proportional zur Querschnittsfläche des fallenden Körpers ist, welche die Luft vor sich herschiebt, ist verständlich und macht ihn für das Blatt größer als für die Bleikugel. Daß er mit wachsender Geschwindigkeit anwachsen muß, da der Körper im Fall die Luft nicht schnell genug beiseite schaffen kann, die seinem Fall im Wege ist, erscheint ebenfalls vernünftig. Mit solchen Annahmen gelingt Newton eine erste, wenn auch noch recht unvollkommene Theorie des Falles im widerstehenden Mittel, die erst von der ballistischen Technik des 19. und der Aerodynamik des 20. Jahrhunderts durch etwas besseres ersetzt worden ist.

Wir wollen uns den Punkt, auf den es ankommt, durch ein zweites Beispiel noch deutlicher machen. Man weiß, daß sich ein geworfener Gegenstand längs einer Parabel bewegt. Galilei selbst hat das in den Discorsi ausführlich behandelt, indem er zwei Bewegungen überlagerte, eine senkrechte beschleunigte und eine horizontale gleichförmige. Die letztere ist übrigens das erste, in seiner Allgemeinheit noch nicht durchschaute Aufleuchten des Trägheitsprinzips, dessen volle Bedeutung erst Newton 50 Jahre später verstanden und in seiner Lex prima formuliert hat. Man weiß auch, wie beim freien Fall, daß die Wurfparabel ein Grenzfall ist, der nur im Vakuum korrekt wäre; der Luftwiderstand bringt den geworfenen Stein eher zum Boden, als es nach dem Parabelgesetz sein sollte. Es gibt aber auch noch andere durch die Umgebung hervorgerufene Abweichungen von Galileis Idealfall. Jeder, der einmal Tennis gespielt hat, weiß, daß ein ge-

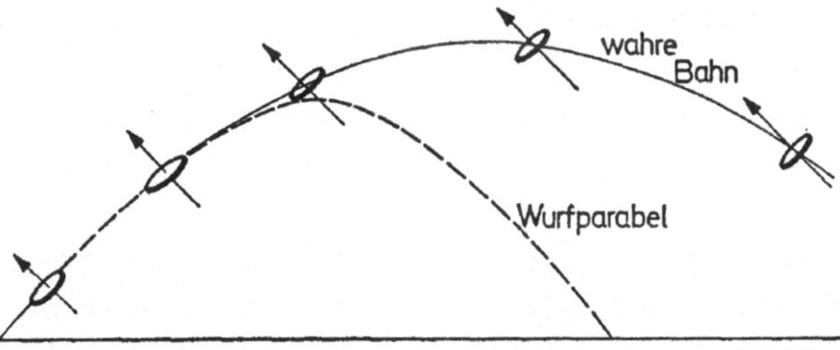


Abb. 1. Der geworfene Diskus (halb perspektivisch gezeichnet) rotiert um die durch den Pfeil markierte Achse, deren Richtung sich während des Wurfs nicht ändert. Im rechten Teil der Bahn erhält der Diskus daher einen Auftrieb nach der Art eines Flugzeug-Tragflügels, so daß er weiter fliegt, als es der Wurfparabel entspricht

schnittener Tennisball recht merkwürdige Bahnen beschreiben kann. Einfacher ist ein anderes Beispiel, das den Vorteil hat, schon in der Antike bekannt gewesen zu sein, der Diskuswurf. Die richtig geworfene Scheibe muß um ihre Achse rotieren — das ist der Trick dabei — und da es ein Gesetz der Erhaltung des Drehimpulses gibt, das uns hier nicht näher zu beschäftigen braucht, das aber aus Newtons Mechanik abgeleitet werden kann, bleibt die Richtung der Achse während des Fluges erhalten (Abb. 1). Das hat am Anfang wenig Einfluß auf die Bewegung, auf dem absteigenden Ast der Bahn verhält sich die Scheibe aber wie der Tragflügel eines Flugzeuges und erhält einen Auftrieb, der sie weiter fliegen läßt als etwa eine Kugel.

Diese Erklärung, zu der unsere moderne Mechanik herangezogen werden mußte, zeigt noch deutlicher als das Phänomen des Luftwiderstandes die Begrenzung des Modells der Punktmasse. Die Form und die Rotationsbewegung des fliegenden Körpers können bestimmte zusätzliche Kräfte hydrodynamischer Art auslösen, die die Bewegung der den Körper repräsentierenden Punktmasse verändern. Diese Kräfte wirken nur infolge des Vorhandenseins einer materiellen Umgebung, in unserem Falle der Luft. Flöge der Diskus oder der Tennisball im Vakuum, so wäre seine Bahn eine simple Wurfparabel. Um diese zusätzlichen Kräfte zu bestimmen, müssen wir den Rahmen des Punktmassenmodells überschreiten und eine sehr komplizierte Theorie des in eine strömende Umgebung eingebetteten Kreisels aufbauen, eine Theorie, die so kompliziert und mannigfaltiger Anwendungen und Spezialfälle fähig ist, daß sie auch heute nicht in allen Einzelheiten ausgeführt ist. Entnehmen wir aber aus einer solchen Theorie die Zusatzkräfte, so können wir diese in unser einfaches Modell einfügen, um die Bahn der Punktmasse zu berechnen.

Die hier am Beispiel gewonnene *Zweiteilung* des Problems der Mechanik ist charakteristisch für die Physik. Versuchen wir das, was hier qualitativ ausgeführt wurde, jetzt auch quantitativ auszugestalten. Wir kommen dann zur Begründung der Mechanik, wie sie Newton vor 300 Jahren zuerst entwickelt hat. Newtons Grundgedanke, der sich übrigens unklar schon bei Galilei vorgezeichnet findet, ist der, daß *Kräfte* nicht Ursache von Bewegungen, sondern von Bewegungsänderungen sind, und daß jeder Körper mit einer Qualität ausgestattet ist, die dieser Änderung einen Widerstand entgegensetzt. Dieser Trägheitswiderstand ist selbst keine Kraft; sein Maß ist die *Masse* des Körpers. Unter einer Änderung des Bewegungszustandes ist eine Änderung der Geschwindigkeit nach Größe oder Richtung zu verstehen, kurz gesagt eine *Beschleunigung* des Körpers (die nicht die gleiche Richtung wie die Geschwindigkeit zu haben braucht und, wenn sie ihr z. B. entgegengesetzt gerichtet ist, die Geschwindigkeit sogar verringert). So entsteht Newtons berühmte Grundgleichung der Dynamik (Lex secunda):

$$\text{Masse mal Beschleunigung} = \text{Kraft},$$

in Zeichen:

$$m\,\vec{b} = \vec{K},$$

wobei die Pfeile andeuten sollen, daß $\vec{b}$ und $\vec{K}$ die gleiche Richtung haben. Damit ist die Zweiteilung der Mechanik vollzogen: *Ein* Problem ist es, die auf einen Körper wirkenden Kräfte zu bestimmen; kennt man sie, so ist es ein *anderes* Problem, den Bewegungszustand des Körpers zu berechnen. Die Lösung dieses zweiten Problems ist der eigentliche Gegenstand der Mechanik. Wir können getrost sagen, daß dies Problem von Newton grundsätzlich gelöst wurde. Die zum Teil mit großer Gelehrsamkeit entwickelten Theorien der allgemeinen Mechanik, wie sie besonders in dem Jahrhundert von 1750 bis 1850 entstanden und an Namen wie Euler, Bernoulli, Laplace, Lagrange, Hamilton, Jacobi geknüpft sind, haben lediglich die mathematischen Methoden zum Gegenstand, die Grundgleichung unter bestimmten Voraussetzungen hinsichtlich der Kräfte zu lösen. Deshalb hat denn auch die Mechanik lange Zeit mehr als eine Domäne der Mathematiker als der Physiker gegolten und ist es zum Teil heute noch.

Newtons Theorie ist somit eine *Rahmentheorie* auf der Basis des Punktmassenmodells. In diesen Rahmen sind von Fall zu Fall die wirkenden Kräfte einzusetzen, deren Kenntnis Voraussetzung für die Anwendung der Theorie ist. Wenig genug scheint damit auf den ersten Blick gewonnen zu sein. Allein die ganze

Fruchtbarkeit der Theorie wird sichtbar, wenn wir bedenken, daß die Mechanik eine experimentelle Wissenschaft ist: Jedes Experiment über die Bewegung von Körpern gibt Aufschluß über die wirksamen Kräfte. Auf diese Weise erfahren wir durch Umkehr der Gedankenkette, die zur Grundgleichung geführt hat und die in sich noch keine Beweiskraft besitzt, indem wir ihre Ergebnisse auf die Realität anwenden, schließlich, welche Kräfte am Werke sind. Damit aber können wir weit tiefere Einblicke in den Aufbau der Welt gewinnen und Schwerkraft, elektrische und magnetische Kräfte aus den von ihnen ausgelösten Bewegungen entnehmen.

Der wichtigste Erfolg, den Newton selbst schon erreichte, war das bessere Verständnis der Schwerkraft, d.h. die Generalisierung von der Schwerkraft an der Erdoberfläche zum allgemeinen *Gravitationsgesetz*. Hier wird im scharfen Gegensatz zur Tradition, aber ganz in Keplers Sinn einer physica caelestis, die Astronomie in die Physik einbezogen. Wenn auf einen Planeten keine Kräfte wirkten, so müßte er sich mit konstanter Geschwindigkeit geradeaus bewegen. Da er aus dieser geraden Bahn aber in Richtung zur Sonne hin abweicht, muß eine ablenkende Kraft auf ihn wirken, die zur Sonne hin zeigt, eine Zentralkraft mit der Sonne als Zentrum. Schon dies allein genügt, um Keplers zweites Gesetz, den Flächensatz, abzuleiten, der die Geschwindigkeit regelt, mit der ein Planet seine Bahn durchläuft. Das erste Keplersche Gesetz, daß der Planet sich auf einer Ellipse bewegt, in deren einem Brennpunkt die Sonne steht, gestattet darüber hinaus festzulegen, wie die Zentralkraft vom Abstand $r$ zwischen Sonne und Planet abhängt, nämlich wie $1/r^2$. Sowie dies erreicht ist, folgt bereits notwendig Keplers drittes Gesetz, das eine Beziehung zwischen Sonnenabständen und Umlaufzeiten verschiedener Planeten herstellt ($T_1^2 : T_2^2 = a_1^3 : a_2^3$).

Fällt ein Körper beschleunigt zur Erde hin, so muß die Erde auf ihn eine analoge Anziehungskraft ausüben wie die Sonne auf einen Planeten. Gilt auch hier die Proportionalität der Kraft zu $1/r^2$, so erfährt der Mond, dessen Entfernung von der Erde etwa 60 Erdradien beträgt, nur 1/3600 der Anziehungskraft, die ihm an der Erdoberfläche zuteil würde. Hieraus kann man seine Umlaufzeit berechnen und erhält in der Tat einen Monat. Wir könnten aus der heutigen Erfahrung noch die künstlichen Satelliten hinzufügen, die zwischen dem fallenden Körper in Erdnähe und dem Mond alle Übergänge abzutasten gestatten.

Mehr noch. Galilei hatte im Jahre 1610 vier Jupitertrabanten entdeckt und ihre Umlaufzeiten um den Jupiter bestimmt. Eine Reihe von Astronomen (Borelli, Townsley, Cassini, Flamsted) haben in den folgenden 76 Jahren bis zum Erscheinen von Newtons Principia deren Abstände von Jupiter beobachtet. Auch hier findet man das dritte Keplersche Gesetz bestätigt.

Alle diese Kräfte sind offenbar zur Masse des angezogenen Körpers proportional. Newton fügt ein wesentliches Prinzip hinzu, das in einem scholastisch klingenden Sprachgebrauch noch heute als das *Prinzip von actio und reactio* bezeichnet wird. Es ist seine Lex tertia: „Actioni contrariam semper et aequalem esse reactionem." („Die Einwirkung ist immer entgegengesetzt gleich der Rückwirkung.") Gemeint sind dabei die wirkenden Kräfte. In unserem Fall heißt es insbesondere: Die Erde übt auf den Mond die entgegengesetzt gleiche Kraft aus wie der Mond auf die Erde. Wenn daher die Kraft zwischen zwei Körpern mit den Massen $m_1$ und $m_2$ (z.B. Erde und Mond) proportional zur Masse $m_1$ ist, so muß sie auch proportional zur Masse $m_2$ sein. So entsteht das Gravitationsgesetz

$$K = \Gamma \frac{m_1 m_2}{r^2},$$

wobei $\Gamma$ eine noch zu bestimmende Konstante ist. Aus der Bewegungsgleichung des einen Körpers ($m_2$) bezüglich des andern,

$$m_2 b = K,$$

fällt seine Masse $m_2$ heraus: $b = \Gamma m_1/r^2$; d.h. daß wir aus den Bewegungen der Planeten $\Gamma m_{\text{Sonne}}$, aus den Fallgesetzen und der Bewegung des Mondes $\Gamma m_{\text{Erde}}$ und aus der Bewegung der Jupitertrabanten $\Gamma m_{\text{Jup}}$ ableiten können, so daß wir das Verhältnis dieser drei Massen, nicht aber ihre absoluten Werte angeben können. Daher wissen wir z.B., daß die Sonne eine 330 000mal größere Masse als die Erde besitzt.

Was haben nun die Zeitgenossen zu diesem Bilde gesagt? Sie haben es keineswegs mit Begeisterung aufgenommen. Dabei sitzt das eigentliche Unbehagen an genau der gleichen Stelle, die im 19. und 20. Jahrhundert zu einer grundsätzlichen Weiterentwicklung geführt hat, nämlich in der Fragwürdigkeit der Fernkraft, der *actio in distans* über leere Räume hinweg.

Aristoteles hatte die Möglichkeit einer actio in distans als vernunftwidrig verworfen und darauf seine Behauptung aufgebaut, es könne kein Vakuum geben. Eben dies zwang ihn dann, seinen Kosmos mit einer „quinta essentia", einem fünften Element aufzufüllen. Von geringen Abweichungen — bei Ockham und bei Bacon — abgesehen, ändert sich daran auch später nichts. Noch Descartes, der Urheber einer neuzeitlichen Philosophie und Mathematik, findet die Vorstellung eines leeren Raumes unerträglich und denkt ihn von einer „materia subtilis" erfüllt, deren Wirbelbewegungen die Planeten mitführen sollen. Dies Bild ist ebenso geistvoll wie nachweislich falsch, und seiner Widerlegung hat bereits Newton das zweite Buch seiner Principia gewidmet. Die „materia subtilis" hat im Äther bis in unsere Zeit hinein fortgelebt, worüber bei der Theorie des Lichts weiter unten noch zu sprechen sein wird.

Nun gehört Descartes noch der Generation vor Newton an. Aber auch Newtons Zeitgenossen, Huygens etwa und Leibniz, haben dessen Fernkräfte im leeren Raum getadelt. Insbesondere hat Leibniz ihm vorgeworfen, er habe die endlich überwundene Pest der „qualitates occultae" wieder eingeführt.

Dies bedarf einer Erläuterung. Die aristotelische Lehre hatte den materiellen Körpern vier Grundeigenschaften zugeschrieben, die als primae qualitates bezeichnet wurden, nämlich warm und kalt, feucht und trocken. An ihnen sollte die Mischung der vier Elemente in einer realen Substanz abzulesen sein. Andere Eigenschaften, z.B. Dichte, Härte, Farbe, Geschmack, Zähigkeit, die nicht Grundbedeutung hatten, wurden als sekundäre Eigenschaften, und beide Gruppen zusammen als qualitates elementales, Elementareigenschaften, bezeichnet. Daneben standen alle jene Eigenschaften, die man nicht einzuordnen vermochte und als *qualitates occultae* zu bezeichnen sich angewöhnte. Hierzu gehörten eine Menge korrekter Beobachtungen wie die elektrische Anziehung von Strohhälmchen durch geriebenen Bernstein und die Anziehung von Eisen durch den Magneten, es gehörten dazu auch medizinisch-biologische Erfahrungen wie die Wirkung von Medikamenten oder die Vorgänge der Verdauung, alles unverstandene Beobachtungen und Erfahrungen, die erst lange nach dem 17. Jahrhundert einem wissenschaftlichen Verständnis zugeführt werden konnten. So weit, so gut. Außerdem wurden aber den qualitates occultae in zunehmendem Maße auch alle möglichen Aberglauben und Märchen zugerechnet wie z. B., daß ein Seeigel ein Schiff anhalten könne oder daß die Verbrennung der Leber eines Chamäleons Regen und Gewitter anziehen könne[8]. Jedes neue Märchen wurde allmählich durch eine neue qualitas occulta „erklärt", so daß der ursprünglich sinnvolle Begriff, der nur die Grenzen des im aristotelischen Weltbilde Verstehbaren abstecken sollte, mit der Zeit immer weniger seriös und schließlich zum größten Hindernis jedes sinnvollen wissenschaftlichen Fortschritts wurde: War etwas unverstanden, so brauchte man es nur als qualitas occulta zu bezeichnen, dann galt es als „erklärt" und jede weitere Untersuchung konnte getrost unterbleiben.

Die Reaktion auf diesen Mißbrauch ist eine der Wurzeln, aus denen heraus die moderne Wissenschaft im 17. Jahrhundert entstand. Derartige Reaktionen pflegen radikal zu sein und über das Ziel hinauszuschießen. Die Reaktion des 17. Jahrhunderts, die bis tief ins 19. Jahrhundert dominierte und deren Ausläufer bis in die Gegenwart reichen, bezeichnet man heute kurz als das „*mechanistische Weltbild*": Alles müsse man mechanisch erklären, die Welt als eine große Maschine behandeln, „wenigstens in der wahren Philosophie", wie Huygens sagt[9], „in welcher man die Ursache aller natürlichen Wirkungen auf mechanische Gründe zurückführt, was man meiner Ansicht nach tun muß, wenn man nicht völlig auf jede Hoffnung verzichten will, jemals in der Physik etwas zu begreifen". Newtons Grundgleichung der Dynamik steht diesem Programm nicht im Wege und wird sogar zu seinem großartigsten Instrument werden, wohl aber steht ihm seine Gravitationskraft per distans im Wege.

---

[8] Lasswitz, K.: Geschichte der Atomistik vom Mittelalter bis Newton, Bd. 1, S. 288ff., 1890.

[9] Traité de la lumière, p. 3, Leyden 1690 (Niederschrift von 1678). — Ostwald-Ausgabe, S. 10.

Wie hat Newton auf diese Einwände reagiert? Zunächst *der leere Raum*. Am Anfang der Principia gibt Newton ziemlich kurz eine Reihe von Definitionen (die übrigens keineswegs immer glücklich und frei von Tautologien sind), an die er ein Scholium anschließt[10], in dem er die Begriffe Zeit, Raum, Ort und **Bewegung** näher erläutert. Da diese Begriffe die Basis des Gegenstandes der Physik sind und den Rahmen physikalischer Beschreibung bilden, liegt die Gefahr nahe, sich bei ihnen in genauen Begriffsbestimmungen zu verlieren. Dabei spielt die Frage eine wichtige Rolle, ob der Begriff des Raumes etwas anderes sei als der der Ausdehnung der materiellen Körper und ob dort, wo keine Körper sind, Raum sei oder nicht. Descartes erschien der unkörperliche Raum unerträglich, und er erfand die materia subtilis. Erst Kant hat die Diskussion um den Raumbegriff zu einem gewissen Abschluß gebracht, indem er ihn als „reine Anschauung", d.h. als notwendiges Ordnungsprinzip unserer Anschauung und als „a priori" bezeichnete, d.h. als eine Vorstellung, die nicht durch Erfahrung gewonnen werden kann, vielmehr notwendige Voraussetzung aller Erfahrungen ist. Newton hat es immer verstanden, solche Diskussionen von seinem wissenschaftlichen Werk, der quantitativen Durchdringung der Natur, zu trennen. Er schneidet daher jede derartige Diskussion durch dies Scholium ab, indem er den Begriff des absoluten Raumes einführt, von dem er ausdrücklich sagt, er verbliebe „seiner Natur nach ohne Beziehung zu irgendeinem Äußeren immer sich gleich und unbeweglich". (Spatium absolutum natura sua absque relatione ad externum quodvis semper manet similare et immobile ...) Dennoch erweist sich dieser beziehungslose Raum als Begriff ungewöhnlich fruchtbar, denn er entspricht genau dem Koordinatenraum, den Descartes der Mathematik geschenkt hat; er ist — schon ganz im Kantschen Sinne — das Ordnungsschema, in das die Beobachtungen eingereiht werden. Weiter geht weder Newtons Bedürfnis noch sein Interesse.

Ganz ähnlich steht es mit *Newtons Rechtfertigung der actio in distans*. Er meint, die Bewegungen der Planeten unter der Wirkung der Schwere zu verstehen, sei auch, ohne die Ursache der

---

[10] Principia, S. 5 ff. der Ausgabe von 1687.

Schwere zu kennen, ein ebenso guter Fortschritt in der Philosophie wie die Kenntnis der Bewegungen der Räder in einer Uhr es in der Philosophie des Uhrwerks sei, auch wenn wir nicht verstünden, warum das Gewicht, welches die Räder treibt, erdwärts fällt. Zu dieser Argumentation kehrt er immer wieder zurück, so etwa in den berühmten Sätzen, die er dem Dritten Buch seiner Principia später anfügte:

> „Den Grund aber dieser Eigenschaften der Schwere habe ich aus den Erscheinungen noch nicht ableiten können und Hypothesen mache ich nicht („hypotheses non fingo"). Was nämlich aus den Erscheinungen nicht abgeleitet wird, muß man eine Hypothese nennen, und Hypothesen, mögen sie metaphysisch, physikalisch, solche über die qualitates occultae oder mechanische sein, haben in der experimentellen Philosophie keinen Platz. In dieser Philosophie werden die Lehrsätze aus den Erscheinungen abgeleitet und durch Induktion verallgemeinert. Und es genügt, daß die Schwere wirklich existiert und daß sie gemäß den von uns dargelegten Gesetzen wirkt."

Und noch deutlicher sind die paar Sätze in den „Queries" (Fragen) in seinem letzten Werk, der Optik, in denen er mit größerer Allgemeinheit schreibt[11]:

> „Es ist wohlbekannt, daß Körper durch die Anziehungen der Schwere, des Magnetismus und der Elektrizität aufeinander einwirken. Diese Beispiele zeigen Ziel und Weg der Natur und machen es nicht unwahrscheinlich, daß es noch mehr andere Anziehungskräfte außer ihnen gibt. Denn die Natur ist ganz im Einklang und in Übereinstimmung mit sich selbst (very consonant and conformable to her self). Wie diese Anziehungen zustandekommen, erwäge ich hier nicht. Was ich Anziehung nenne, mag durch Stoß (impulse) oder irgendwelche andere mir unbekannte Mittel hervorgerufen werden. Ich verwende dies Wort hier nur, um generell jede Kraft zu bezeichnen, welche Körper einander zustreben läßt, was auch immer die Ursache sein mag. Denn wir müssen aus den Naturerscheinungen lernen, welche Körper einander anziehen und was die Gesetze und Verhältnisse der Anziehung sind, ehe wir nach der Ursache fragen, welche die Anziehung hervorbringt."

Wenn man ein wenig auf die Untertöne solcher Ausführungen hinhört, so erhält die Lage zu Ende des 17. Jahrhunderts eine

---

[11] Sir Isaac Newton: Opticks. 4th edition, London 1730. Übersetzt nach der Ausgabe von E. T. Whittaker, Question 31, p. 375, London 1931.

erstaunliche Ähnlichkeit mit derjenigen zu Ende des 19., als
Planck bemerkte, daß sich gewisse Erfahrungen auf dem Gebiet
der Wärmestrahlung nur erklären ließen durch Einführung seines
Wirkungsquantums, also unter Aufhebung einer Kontinuität des
physikalischen Geschehens, die für seine Zeitgenossen genauso
selbstverständlich war wie für Newtons Zeitgenossen die Unmöglichkeit der Fernkräfte. Beide, Newton und Planck, haben ge-
zögert, Anschauung und Tradition zu opfern. Beide haben sie
versucht, ihre Entdeckung in den Rahmen des Bestehenden ein-
zufügen, und beide haben sie ihren Zeitgenossen trotzdem fast
als Revolutionäre gegolten. Und in beiden Fällen war die nächste
Generation rigoroser. Newtons Schüler Roger Cotes hat sich
ohne Skrupel zur Fernkraft als physikalischer Tatsache bekannt,
und Daniel Bernoulli in einem Brief an Euler geschrieben:
„Konnte Gott eine Seele erschaffen, deren Natur uns unbegreiflich
ist, so konnte er auch der Materie eine allgemeine Anziehung ver-
leihen."

Newtons „hypotheses non fingo" ist daher nicht das stolze
Wort, für das es so gern ausgegeben wird. Es ist Ausdruck einer
bitteren Notwendigkeit. Es ist zugleich ein erster Ansatz zur
Erkenntnistheorie, wenn auch noch in einer sehr naiven Form,
der ihn trennen läßt zwischen der causa mathematica, die nichts
als die notwendige Verknüpfung zweier Größen in einer mathematischen Gleichung enthält, und der causa physica: „Die
physischen Ursachen und den Sitz der Kräfte ziehe ich nicht in
Betracht." Es ist der nicht leicht gewonnene Verzicht auf die
ersten Ursachen, mit denen Descartes die Physik beginnen wollte;
es ist die Umstellung von der Frage <u>Warum?</u> auf die Frage <u>Wie?</u>
Galilei und Guericke haben ähnlich gehandelt, aber bei Newton
wird dies neue Fundament zum ersten Mal bewußt. Darum bleiben
sie Vorläufer, während Newtons Fundament zweihundert Jahre
Physik bestimmt hat.

Diese zweihundert Jahre bieten nicht das gleiche Interesse. In
dieser Zeit wurde das Gebäude der klassischen Mechanik auf
Newtons Fundament errichtet, doch erschließt sich die Schönheit
dieses Gebäudes nur in seiner mathematischen Sauberkeit und
Konsequenz. Seine Darstellung muß deshalb außerhalb dieses
Buches bleiben. Wir werden den Faden erst mit dem Ende des

19. Jahrhunderts wieder aufgreifen, als plötzlich an zwei Stellen zugleich die Grenzen der klassischen Mechanik sichtbar wurden. Da der Anstoß dazu nicht so sehr aus der Mechanik selbst, sondern von der Optik herkam, ist es wohl zweckmäßig, hier zunächst einiges über deren Entwicklung folgen zu lassen, ehe wir im vierten Kapitel zur Mechanik zurückkehren.

## 3. Kapitel

# Die Entwicklung der Optik

Newton hatte gezeigt, daß der Weltraum nicht merklich von Materie erfüllt sein kann. Eine Materie, die in eigener Wirbelbewegung die Planeten mit sich führt, wie es sich Descartes vorstellte, wäre in Widerspruch zu den Keplerschen Gesetzen geraten; eine ruhende Materie, durch die sich die Planeten wie durch eine Flüssigkeit hindurchbewegen, hätte unvorstellbar dünn sein müssen, da sie über einige tausend Jahre der Planetenbeobachtungen keine spürbare Bremsung dieser Bewegung hervorgerufen hat. Die Existenz eines solchen, den Weltraum ausfüllenden Äthers schien damit sehr unwahrscheinlich, und man kann Newton nur beipflichten, wenn er ihn konsequent aus seinen Vorstellungen verbannte. Dann aber gelangt man zu dem notwendigen Schluß, daß das Licht, das uns von den Sternen erreicht, aus Lichtteilchen bestehen, also korpuskularer Natur sein muß. In diesem Rahmen muß man Newtons konsequente Ablehnung der gleichzeitig von Huygens entwickelten Wellenvorstellungen verstehen, bei denen das Licht als ein Vorgang verstanden wurde, der sich in einer Substanz — eben dem Äther — fortpflanzt. Auch war eine korpuskulare Lichttheorie zu Newtons Zeit noch in Einklang mit den bekannten Beobachtungen: Das Brechungsgesetz und Reflexionsgesetz ergeben sich aus der einen wie der anderen Vorstellung, sind also zur Unterscheidung ungeeignet. Die Erfahrungen über Beugung und Interferenz, die im 19. Jahrhundert den Ausschlag zugunsten der Wellentheorie gaben, waren aber im 17. Jahrhundert noch viel zu dürftig, als daß sie die tragende Rolle übernehmen konnten, die sie um 1800 spielten, ja Newton vermochte sie sogar in seine Korpuskulartheorie einzubauen, indem er die zweifellos erkennbare periodische Struktur (siehe unten) als eine Eigenschaft seiner Korpuskeln interpretierte. Auch ist es erstaunlich, daß Huygens diese Erscheinungen, die schließlich die Entscheidung zu seinen Gunsten und gegen

Newtons Vorstellung herbeiführten, mit keinem Wort in seinem Traité de la lumière erwähnt; er arbeitet gar nicht mit Wellen, sondern mit Lichtfronten, bis zu denen der Anstoß der Ätheratome jeweils gelangt ist. Zwar spricht er von „zitternder Bewegung" der Ätheratome und der Analogie zum Schall; doch macht er in seinen mathematischen Deduktionen nirgends Gebrauch davon, so daß es zweifelhaft erscheint, ob ihm die Periodizität der Vorgänge als entscheidender Faktor bewußt war, sehr im Gegensatz zu Newton, der eingehende Experimente darüber anstellte. Ja, Newton glaubte sogar ein experimentum crucis zugunsten seiner Vorstellung gefunden zu haben, das zur Wellentheorie in Widerspruch stand: Wird Licht an einer Kante gebeugt, so entstehen auf der Lichtseite der Kante die „Beugungsfransen", abwechselnd helle und dunkle Streifen, die zuerst in Grimaldis Buch 1665 erwähnt und von Newton eingehend studiert wurden. Auf der Schattenseite, hinter der Kante, blieb es dunkel. In einer Wellentheorie hätte aber auch dorthin Licht gelangen müssen, genau wie der Schall „um die Ecke" geht. Wir wissen heute freilich, daß dies in der Tat der Fall ist (Abb. 2), die

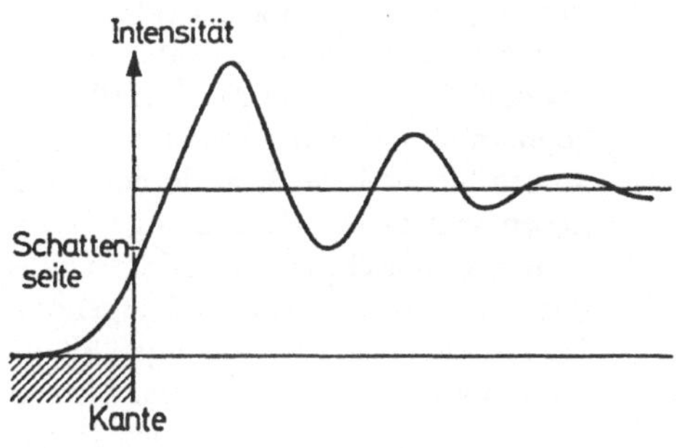


Abb. 2. Verteilung der Lichtintensität hinter einer Kante. Die Beugung des Lichtes äußert sich darin, daß links der Schatten nicht plötzlich einsetzt, sondern die Intensität stetig abfällt. Rechts treten Interferenzerscheinungen auf, d. h. abwechselnd hellere und dunklere Streifen

Erscheinung ist aber so lichtschwach und fällt, da sie keine Streifen zeigt, so wenig auf, daß sie mit den experimentellen Hilfsmitteln des 17. Jahrhunderts nicht wahrzunehmen war.

Im ganzen ist die Lage charakteristisch für die Methode der Physik, Modelle der Wirklichkeit zu entwerfen und sie an der Erfahrung zu prüfen. Dabei mögen die Modelle manche ungewöhnlichen Züge aufweisen. So klagte Huygens darüber, daß

man von ihm verlangte, er solle sich Korpuskeln vorstellen, die
mit einer so großen Geschwindigkeit wie der des Lichtes dahinfliegen, und Newton nahm Anstoß daran, daß ein Äther Träger
der Lichtfortpflanzung sein sollte, der unvorstellbar dünn und
gleichzeitig unvorstellbar hart sein mußte. Jedoch, an ungewöhn-
liche Züge kann man sich gewöhnen, und im ganzen waren die
besseren experimentellen Argumente auf Newtons Seite. Daher
tut man wohl auch den Physikern des folgenden 18. Jahrhunderts
Unrecht, wenn man sie als bloße Epigonen bezeichnet[12], die der
Autorität Newtons erlagen. Als Beispiel möge hier eine briefliche
Äußerung Lichtenbergs (1742—1799) folgen, die kurz vor den
Jahren der Entscheidung geschrieben wurde, die er selbst nicht
mehr erleben sollte. Hier wird eine Grundhaltung sichtbar, die
ganz und gar Geist von unserem Geiste ist und wichtiger sein
dürfte als die Verwendung dieses oder jenes speziellen Modells,
da sie die Kontinuität des Denkens während der letzten 300 Jahre
sichtbar macht:

> „Ich dachte, die Ätherzeiten in der Physik seien vorbei. Lehrt
> uns nicht die Geschichte der Physik, daß seit jeher aus allen den
> Hypothesen nichts geworden ist, die sich an die ersten Ursachen
> versteigen, und sich zur Erklärung der Erscheinungen in der
> Natur solcher Mittel bedienen, deren Existenz sie nicht einmal
> erweisen können, und die eigentlich nicht Geschöpfe der Natur,
> sondern des eigenen Gehirns ihrer Erfinder sind ... Woher
> wissen Sie, daß ein Äther in der Welt ist? Sie sagen zwar, den
> haben sehr große Männer angenommen, aber Sie denken viel
> zu philosophisch, um Autoritäten zu erkennen, und das ist sehr
> vortrefflich. Also, er ist bloß angenommen worden. Also, es hat
> ihn niemand je gesehen oder gefühlt, weggepumpt, verdickt, ver-
> dünnt usw., nichts, gar nichts. Also, seine Existenz ist nicht er-
> wiesen, ausgenommen aus den Erscheinungen, welche zu er-
> klären man für nötig erachtet hat, ihn anzunehmen. Dieses ist
> fürwahr eine feine Philosophie, es ist nämlich die leibliche
> Schwester, wo nicht gar die Hexe selbst, die uns die Gespenster
> in die Welt gebracht hat." [13]

Zunächst freilich schien sich alles ganz anders zu entwickeln,
und es ist interessant zu sehen, welch merkwürdige Umwege auch

---

[12] So M. v. Laue: Geschichte der Physik, S. 44, Bonn 1946.
[13] Zitat nach H. Pupke: Naturwiss. **30**, 745 (1942).

die Geschichte der Physik zu gehen vermag. Zwei Jahre nach Lichtenbergs Tod hat Thomas Young 1801 seine erste Untersuchung der Interferenzerscheinungen veröffentlicht, die er systematisch angriff und im Sinne der Wellentheorie deutete. Darauf folgte eine ganze Serie von Entdeckungen, die Young 1817 auf den entscheidenden Gedanken brachten, sie als Polarisation des Lichtes zu verstehen und daraus zu schließen, daß die Lichtschwingungen transversal sein müßten. Fast gleichzeitig gelang 1818 Fresnel die Zusammenfügung der Wellentheorie der Beugung mit den alten Betrachtungen von Huygens. Drei Jahre darauf endlich brachte Fresnel 1821 diese Entwicklung zu einem gewissen Abschluß, indem er die schon von Euler für longitudinale Wellen entwickelte mathematische Darstellung auf transversale Wellen erweiterte und zur Ableitung der nach ihm benannten Formeln benutzte, welche die Intensität des an einer brechenden Fläche reflektierten Lichtes für die verschiedenen Polarisationszustände angeben.

Für diese und die folgenden Generationen von Physikern war damit die Existenz des Äthers zur Gewißheit geworden, und sie versuchten nun, seine Eigenschaften aus dem Verhalten der Lichtwellen abzulesen. Dies wurde möglich, nachdem seit 1825 Cauchy, Franz Neumann und andere die Theorie der elastischen Wellen in festen Körpern entwickelt hatten. Bei diesen elastischen Wellen zeigte sich, daß es zwei Arten von Elastizität gibt, die durch den Kompressionswiderstand und den Scherungswiderstand des Materials charakterisiert sind: Flüssigkeiten bieten nur der Kompression, nicht aber der scherenden Deformation Widerstand, ein fester elastischer Körper aber beiden. Es zeigt sich nun, daß sich in einer Flüssigkeit nur longitudinale Wellen, in festen Körpern aber beide Typen bilden und daß ihre Fortpflanzungsgeschwindigkeit um so größer ist, je größer der Widerstand ist, den die Substanzen der Kompression bzw. der Scherung entgegensetzen. Da nun die Lichtwellen immer transversal sind, wurde geschlossen, der Äther sei inkompressibel, und da ihre Geschwindigkeit fast $10^5$mal größer ist als die der elastischen Wellen, wurde auf einen sehr großen Scherungswiderstand des Äthers geschlossen ($10^9$mal so groß wie der von Stahl). Die Dichte des Äthers kann man aus der Größe des Brechungsexponenten echter Materie entnehmen

und kommt dabei auf etwas mehr als die Dichte des Wassers[14].
Für Newtons Argumentation über die unterbliebene Bremsung
der Planeten sind das äußerst unwahrscheinlich klingende Zahlen,
und es ist merkwürdig, wie lange es gedauert hat, ehe sich Widerspruch gegen die elastische Äthertheorie des Lichtes erhob.

Der Anstoß hierzu kam von einer unerwarteten Seite. Im
Jahre 1856 hatten Wilhelm Weber in Göttingen und Rudolf
Kohlrausch in Marburg eine Konstante gemessen, die den Zu-
sammenhang zwischen elektrostatischen und elektromagnetischen
Wirkungen bestimmt. Diese Konstante hat die Dimension einer
Geschwindigkeit, und sie fanden dafür den Zahlenwert $v =$
310 800 km/sec in praktischer Übereinstimmung mit dem Zahlen-
wert der Lichtgeschwindigkeit $V$, wie ihn einige Jahre zuvor
Foucault neu bestimmt hatte ($V = 314\ 860$ km/sec). Sechs Jahre
später hat Maxwell[15] hieraus die Konsequenz gezogen:

> „Die Geschwindigkeit transversaler Schwingungen in unserem
> hypothetischen Medium, berechnet aus den elektromagnetischen
> Versuchen der Herren Kohlrausch und Weber, stimmt so exakt
> überein mit der aus den optischen Versuchen von Herrn Fizeau
> berechneten Geschwindigkeit des Lichtes, daß wir kaum den
> Schluß vermeiden können, daß das Licht in den transversalen
> Schwingungen desselben Mediums besteht, welches die Ursache
> elektrischer und magnetischer Erscheinungen ist."

Und weiter heißt es dann in deutlicher Gegenüberstellung:

> „Mithin stimmt die aus dem Experiment abgeleitete Licht-
> geschwindigkeit hinreichend mit dem Wert von $v$ überein, der
> aus der einzigen Serie von Versuchen abgeleitet wurde, die wir
> bisher besitzen. Der Wert von $v$ wurde bestimmt durch Messung
> der elektromotorischen Kraft, mit welcher ein Kondensator be-
> kannter Kapazität geladen war, und durch anschließende Ent-
> ladung des Kondensators über ein Galvanometer, um so die
> Elektrizitätsmenge darin in elektromagnetischem Maße zu
> messen. Das Licht wurde in dem Versuch einzig dazu benutzt,

---

[14] Moderner Bericht in S. Flügge: Theoretische Optik, 2. Aufl., Wol-
fenbüttel 1948.

[15] Maxwell, J. C.: Phil. Mag. **23** (1862). Auch in Ostwalds Klassikern,
Heft 102: „Über physikalische Kraftlinien". Text der deutschen Überset-
zung dort entnommen.

die Instrumente zu sehen. Der Wert[16] von $V$, welchen Herr
Foucault fand, wurde durch Bestimmung des Winkels erhalten,
um den sich ein umlaufender Spiegel drehte, während das von
ihm reflektierte Licht längs einer ausgemessenen Bahn hin- und
zurücklief. Von Elektrizität und Magnetismus wurde dabei
überhaupt kein Gebrauch gemacht. — Die Übereinstimmung
der Ergebnisse scheint zu zeigen, daß Licht und Magnetismus
Erscheinungen (affections) derselben Substanz sind und daß
Licht eine elektromagnetische Störung ist, die sich durch das
Feld nach elektromagnetischen Gesetzen fortpflanzt."

Die elektromagnetischen Wellen, Analogon zu den Lichtwellen, die Maxwell gefordert hatte, wurden bekanntlich dreißig
Jahre später experimentell zuerst von Heinrich Hertz erzeugt. Sie
bilden damit nicht nur einen fundamentalen Beweis unserer
Anschauung, daß die Optik ein Teil der Elektrodynamik sei,
sondern sie stellen seither auch in ihren technischen Konsequenzen
in der Nachrichtenübertragung aller Wellenlängen einen wesentlichen Teil unseres täglichen Lebens dar.

Aber auch für Maxwell gab es noch das „hypothetische
Medium", in dessen transversalen Schwingungen er die Erscheinung des Lichtes sah. Noch mußte der Äther als Träger der
elektromagnetischen Wellen herangezogen werden, wenn auch
schon viel von seiner Substanz verloren ging. Die Differential-
gleichungen, welche die Grundlage von Maxwells Theorie der
elektrisch-optisch-magnetischen Erscheinungen bilden, gestatten,
aus bekannten elektrischen Ladungsverteilungen und bekannten
elektrischen Stromverteilungen im Raume die von ihnen erzeugten elektrischen und magnetischen Felder zu berechnen, sie enthalten jedoch keine Aussage über einen Mechanismus irgendeiner
Art, der diese Felder erzeugt. Die Physik begann sich an dieser
Stelle vor rund 100 Jahren wieder von der mechanistischen Auffassung zu lösen, wie sie uns bei Huygens so deutlich entgegen-
getreten ist, wie sie aber von Newton niemals akzeptiert wurde.
Wie dort schon für die Gravitation, so erfährt bei Maxwell die
Aufgabe des Physikers eine genauere Ortsbestimmung und

---

[16] Noch in Einsteins erster Arbeit von 1905 wird die Lichtgeschwindigkeit mit $V$, nicht wie heute mit $c$ bezeichnet. Ihr bester Meßwert ist heute
$c = 299\,793$ km/sec.

Präzisierung: festzustellen, nämlich, wie die Welt eingerichtet ist, welche Größen mit welchen in welcher Weise zusammenhängen, in unserem Falle zu beschreiben, wie groß die Feldstärken an bestimmten Orten zu bestimmten Zeiten sind oder sein werden, nicht aber, warum dem so ist. Wenn auch Maxwell sich noch nicht voll zu diesem Standpunkt durchringt, der erst im Anfang unseres eigenen Jahrhunderts wieder erreicht wird, wenn er auch noch Erklärungen mit Hilfe mechanistischer Äthervorstellungen versucht, so gewinnen doch die mathematischen Gleichungen schnell an Realität, und die mehr oder weniger anschaulich-mechanistischen Modelle sinken in ihrer Bedeutung zu bloßen Denkhilfen herab, gegen die wohl auch Lichtenberg keinen ernsthaften Widerspruch erhoben hätte.

Die entscheidende Stufe in der Überwindung des mechanistischen Standpunktes freilich wurde erst eine Generation nach Maxwell erreicht, als die Experimente der Optik bewegter Körper deutlich zu machen begannen, daß die Existenz eines Äthers, mit welchen Eigenschaften auch immer er ausgestattet wurde, zu Widersprüchen führen mußte. Dies war die Geburtsstunde der *Relativitätstheorie*, mit der Anschaulichkeit und Modell in ihre Grenzen verwiesen wurden, und hierin dürfte ihre tiefste geistesgeschichtliche Bedeutung liegen.

# 4. Kapitel

# Relativitätstheorie

In Maxwells Konzeption sind die elektrischen Kräfte im Grunde noch mechanistisch als elastische Spannungen im Äther beschreibbar. Wenn diese Ansicht zutrifft, so kann man die Fortpflanzung einer elektromagnetischen Welle weitgehend in Analogie zur Fortpflanzung des Schalls verstehen. Dabei kommt besonderes Interesse der Frage nach der Lichtgeschwindigkeit in bewegten Körpern zu.

Um das näher zu erläutern, beginnen wir mit einem sehr einfachen Experiment über die Fortpflanzung eines Schallsignals in der Luft, die der Träger der Schallwellen ist. Stehen ein Pistolenschütze und ein Beobachter im Abstand $L = 330$ m voneinander, so hört der Beobachter bei Windstille den Knall des Schusses um dessen Laufzeit von $T = 1$ sec verzögert, weil sich das Signal in der Luft mit der Geschwindigkeit $c_s = L/T = 330$ m/sec fortpflanzt. Bewegt sich nun die Luft, also der Träger der Schallwellen, mit einer Windgeschwindigkeit $v$ vom Schützen zum Beobachter hin, so erreicht diesen der Schall in einer kürzeren Laufzeit $T' = L/(c_s + v)$ entsprechend einer erhöhten Geschwindigkeit $c_s + v$, und bei Umkehr der Windrichtung ergibt sich für das gegen den Wind laufende Signal die verminderte Geschwindigkeit $c_s - v$. In beiden Fällen bleibt die Fortpflanzungsgeschwindigkeit relativ zum Träger der Schallwellen unverändert $c_s$; zwei Beobachter, die vorn und hinten auf offenen Wagen in einem langen Eisenbahnzug im Abstande $L$ voneinander genau mit der Windgeschwindigkeit fahren, relativ zu denen die Luft also ruht, messen zwischen sich eine Laufzeit $t = L/c_s$ für den Knall[17].

---

[17] Dies hat nichts mit dem Dopplereffekt zu tun, d.h. mit der Veränderung der Frequenz (der Tonhöhe) bei Bewegung von Schallquellen oder Beobachtern.

Gehen wir vom Schall zum Licht über und lassen ein Lichtsignal zwischen Lichtquelle und Beobachter ein durchsichtiges
Medium vom Brechungsindex $n$ durchlaufen, so ist die Lichtgeschwindigkeit in diesem Medium $c/n$, wenn wir von jetzt an
in der üblichen Weise die Lichtgeschwindigkeit im Vakuum mit $c$
bezeichnen. In Wasser ist z.B. ungefähr $n = \frac{4}{3}$, also die Fortpflanzungsgeschwindigkeit des Lichtes $\frac{3}{4}c$. Dies gilt für ruhendes
Wasser und kann gemessen werden, indem wir eine lange, mit
Wasser gefüllte Röhre zwischen Lichtquelle und Beobachter
setzen. Was geschieht nun aber, wenn wir das Wasser längs der
Röhre mit einer Geschwindigkeit $v$ von der Lichtquelle zum
Beobachter hin strömen lassen (Abb. 3)? Nicht das Wasser,

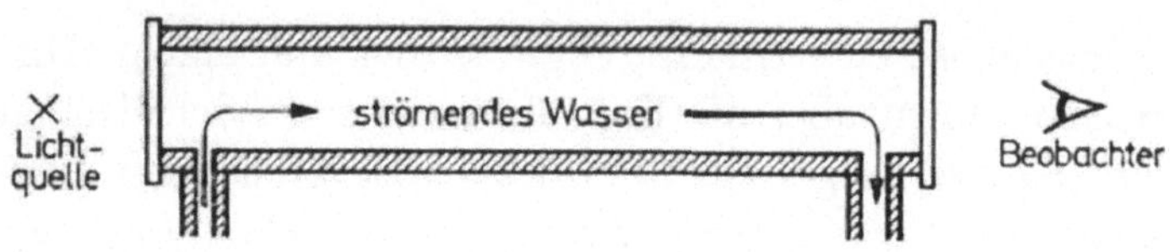


Abb. 3. Schema der Anordnung zur Messung des Mitführungskoeffizienten in
einem bewegten Medium

sondern der Äther soll ja der Träger der Lichtwellen sein; nimmt
dieser an der Bewegung des Wassers teil, so sollte analog zu
unserem Schallversuch die Fortpflanzung des Lichtes mit der
Geschwindigkeit $\dfrac{c}{n} + v$ erfolgen; bleibt der Äther dagegen in
Ruhe, so sollte auch bei strömendem Wasser unverändert $c/n$
beobachtet werden.

Hier schien sich um die Mitte des vorigen Jahrhunderts, als
derartige Messungen im Laboratorium technisch ausführbar
wurden, eine Möglichkeit anzubieten, den Äther von der raum-
füllenden Materie zu trennen und Lichtenbergs „Hexe" vielleicht
doch konkret zu fassen. Als Fizeau 1851 in Paris dies Experiment
ausführte, sah man dem daher mit großen Erwartungen entgegen.

Fizeaus Ergebnis lag nun zwischen den beiden Extremen;
weder schien der Äther in Ruhe zu bleiben, noch nahm er mit der
vollen Geschwindigkeit $v$ an der Bewegung des Wassers teil,

vielmehr ergab sich seine Mitführungsgeschwindigkeit zu

$$v' = v\left(1 - \frac{1}{n^2}\right),$$

im Wasser mit $n = \dfrac{4}{3}$ also zu $v' = \dfrac{7}{16}\,v$. Je dünner die Substanz ist, um so weniger scheint der Äther von ihr mitgeführt zu werden. In einem strömenden Gas, dessen Brechungsexponent nur sehr wenig von $n = 1$ abweicht, sollte er daher praktisch in Ruhe bleiben ($v' = 0$).

Ein Gas ist nun auch unsere atmosphärische Luft, und wenn die Erde ihre Bahn um die Sonne durchläuft, sollte die Luft den Äther nicht merkbar mitführen, so daß wir nach Art eines Fahrwindes einen Ätherwind verspüren sollten. Eine Messung der Lichtgeschwindigkeit auf der Erde, d.h. der Laufzeit $t$ zwischen zwei im Abstand $l$ in der Bewegungsrichtung der Erde voneinander entfernten erdfesten Beobachtern, sollte daher entweder $t_1 = l/(c-v)$ oder $t_2 = l/(c+v)$ ergeben, je nachdem, ob das Lichtsignal in Richtung der Erdbewegung ($t_1$) oder ihr entgegen ($t_2$) läuft (Abb. 4). Diese Folgerung ist also experimenteller

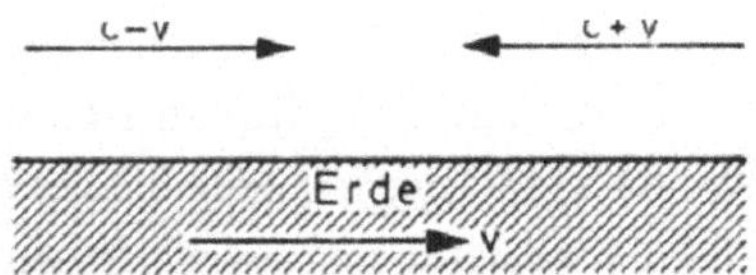


Abb. 4. Zum Michelson-Versuch. Die Erde bewegt sich mit der Geschwindigkeit $v = 30$ km/sec auf ihrer Bahn um die Sonne. Gibt es einen Äther, so sollte er nicht mitgeführt werden; die Lichtgeschwindigkeit sollte daher, je nach Richtung des Lichtstrahls, $c + v$ oder $c - v$ sein. Die Beobachtung zeigt keine Andeutung eines solchen „Ätherwindes"

Prüfung zugänglich. Der Versuch wurde zuerst 1881 von Michelson angestellt und seither in zahlreichen Untersuchungen wesentlich verfeinert. Das Ergebnis ist ganz eindeutig: Die Lichtgeschwindigkeit (für $n = 1$) ist in allen Richtungen relativ zur bewegten Erde stets die gleiche, nämlich $c$; die Laufzeit zwischen zwei erdfesten Beobachtern stets $t = l/c$.

Daraus folgt eine grundlegende Erkenntnis: Die Vakuum-Lichtgeschwindigkeit (wenn wir etwas idealisieren) ist stets dieselbe, wie auch immer der Bewegungszustand des Beobachters sein mag. Oder aber: Die einfache Zusammensetzung zweier Geschwindigkeiten, wie sie jeder bei einem Flugzeug für die Einwirkung des Windes auf die Reisegeschwindigkeit kennt, gilt nicht für das Licht.

Daß dies nicht früher beobachtet werden konnte, liegt daran, daß die Lichtgeschwindigkeit so groß ist; bis zur Mitte des vorigen Jahrhunderts hatte es noch astronomischer Entfernungen und Laufzeiten bedurft, um sie überhaupt zu messen. Obwohl die Erde auf ihrer Bahn in jeder Sekunde 30 km zurücklegt, ist die Geschwindigkeit des Lichtes immer noch 10 000mal so groß! Das Additionsgesetz der Geschwindigkeiten, dem wir hier begegnen, kann man oberflächlich geradezu so aussprechen, daß das Licht sich hierbei so verhält, als ob es unendlich schnell sei; denn dann könnte durch Hinzufügen der endlichen Geschwindigkeit des Beobachters nichts an dieser Unendlichkeit geändert werden.

Dies *Prinzip der Konstanz der Lichtgeschwindigkeit*, wie wir es heute nennen, widerspricht offenbar der Existenz eines materiellen Äthers. Wo sich also keine echte Materie im Weltall befindet, dort ist der Raum in der Tat leer; ihn mit einem hypothetischen Medium anzufüllen, ist keine begriffliche Erleichterung, kein sinnvolles Modell, denn es widerspricht der Erfahrung. Lichtenberg hatte recht.

Was wird nun aber ohne den Äther im leeren Raum aus den elektromagnetischen Wellen, als welche wir das Licht erkannt haben? Wir können heute, beginnend mit den Versuchen von Heinrich Hertz, nicht nur Lichtwellen, deren Wellenlängen kleiner als die 0,4 bis 0,7 Tausendstel Millimeter des sichtbaren Spektrums sind, nämlich ultraviolettes Licht, Röntgenstrahlen und mit noch kürzeren Wellen $\gamma$-Strahlen herstellen, sondern Optik aller Wellenlängen betreiben; bekanntlich bedient sich die Nachrichtentechnik meist viel längerer Wellen von Metern oder Kilometern Wellenlänge, von wo über die kürzeren Mikrowellen und das infrarote Gebiet ein lückenloser Anschluß an das sichtbare Spektrum besteht. Längs einer solchen (stehenden) Welle von einigen Dezimetern Wellenlänge läßt sich in einfachen Schauexperimenten die periodische Veränderung etwa der elektrischen Feldstärke von Ort zu Ort leicht demonstrieren. Die elektrischen Felder erfüllen daher den Raum, auch wenn er leer ist.

Dies hilft uns nun wenigstens von dem Begriff der Fernkraft loszukommen, zumindest erst einmal für die elektrischen Kräfte. Befindet sich irgendwo ein elektrisch geladener Körper $A$, so übt er auf einen im Abstande $r$ befindlichen ebenfalls geladenen Körper $B$ bekanntlich eine Anziehungs- oder Abstoßungskraft aus, die zuerst von Coulomb 1785 gemessen und — wie die Gravitationskraft — umgekehrt proportional dem Quadrat des Abstandes $r$ gefunden wurde. Für Coulomb und seine Zeitgenossen war auch dies eine Fernkraft. Nach Maxwell (und zuerst, vor ihm, in mehr qualitativer Weise schon nach Faraday) geschieht die Wechselwirkung durch Vermittlung des elektrischen Feldes: Der Körper $A$ erzeugt ein elektrisches Feld um sich herum, das den ganzen Raum ausfüllt, also auch am Orte $B$ besteht und auf den Körper $B$ am gleichen Orte eine Kraft ausübt. Ebenso erzeugt $B$ ein Feld am Ort $A$, das auf $A$ einwirkt. Die Feldtheorie ist daher eine echte *Nahwirkungstheorie*: Elektrische Ladungen und Ströme sind die „Quellen", welche „Felder erzeugen"; diese breiten sich mit Lichtgeschwindigkeit aus und erfüllen den ganzen Raum. Auf diese Weise können sie auch große Entfernungen in kurzer Zeit überbrücken und mit anderen Ladungen und Strömen in beobachtbare Beziehung treten.

Man kann natürlich versuchen, Newtons Gravitationsgesetz in analoger Weise zu verstehen: Die Erde etwa erzeugt ein Schwerefeld, das sich über den ganzen Raum ausbreitet, also auch den Ort des Mondes erreicht, so daß die Gravitationsfeldstärke am Ort des Mondes auf die Masse des Mondes eine Kraft ausübt. Auch die Schwerkraft, die auf den fallenden Stein wirkt, ist dann einfach auf das Schwerefeld der Erde zurückgeführt; die Schwerkraft ist in das Produkt von Masse und Gravitationsfeldstärke zerlegt, wie die elektrische Kraft in das Produkt von Ladung und elektrischer Feldstärke zerlegt werden kann, und die Fallbeschleunigung entpuppt sich als die Gravitationsfeldstärke an der Erdoberfläche.

Was aber sind diese Feldstärken eigentlich, die uns helfen, von den Fernwirkungen loszukommen? Bei Maxwell waren sie zwar nicht mehr ganz im mechanistischen Sinne aus elastischen Deformationen des Äthers zu verstehen, doch waren sie noch als irgendeine Art „Erregungszustand" des Äthers betrachtet. Was aber wird aus der Erregung, welcher Art sie immer sein mag, wenn es nachweislich nichts gibt, was erregt werden kann? Mit dem Äther ist es gegangen, wie mit der berühmten grinsenden Katze von Alice in Wonderland, die langsam verschwand, zuerst ihr Schwanz, dann der Leib, zuletzt der Kopf, so daß am Ende nur mehr ihr Grinsen zurückblieb.

Aber eben dies Zusammenbrechen der anschaulichen Vorstellungen des mechanistischen Weltbildes hat sich schließlich als ein Segen erwiesen, weil es zum Nachdenken darüber geführt hat, welche Art von Fragen eigentlich sinnvoll und welche sinnlos sind. Die Fragen: Was ist eine elektrische Feldstärke? und: Was ist eine Gravitationsfeldstärke? gehören zu den sinnlosen Fragen. Das muß nun allerdings näher erläutert werden.

Eine sinnvolle Frage ist z. B.: Wie hoch ist der Freiburger Münsterturm?, denn wenn es auch nur *eine* richtige Antwort gibt (115 m), so ist doch jede Zahl von Metern eine *potentielle* Antwort, und die richtige Beantwortung ist innerhalb dieser Mannigfaltigkeit nur auszuwählen. Alle Fragen, die in der Physik durch Experimente beantwortet werden, sind von dieser Art. Hätte sich die elastische Äthertheorie als richtig erwiesen, so wäre die Frage: „Wie groß ist die Verschiebung des Äthers an einer Stelle, an der die elektrische Feldstärke von 1 Volt/cm besteht?" sinnvoll, da die Gesamtheit der potentiellen Antworten „$x$ Millimeter" lautete, wobei ein bestimmtes $x$ als richtige Antwort herauszufinden wäre. Mutatis mutandis läßt sich das Kriterium auch dort anwenden, wo die Antwort keine Zahlenangaben impliziert. Auf die Frage: Wie finden Sie dies Bild? kann ich z. B. mit „schön" oder „häßlich" antworten, und die Problematik liegt nur darin, daß diese Begriffe selbst Zusammenfassungen einer Fülle von Urteilen sind, die als Werturteile persönlichkeitsgebunden, auf Erfahrungen und Vergleiche aufgebaut und nicht allgemein verbindlich sind, was sie von den strukturell viel einfacheren Zahlenangaben unterscheidet. Dennoch ist die Frage nicht sinnlos; von ihrer Beantwortung können z.B. durchaus „meßbare" Handlungen abhängen, etwa der Kauf des Bildes zu einem hohen Preis.

Für die Physik kann nun kein Werturteil Sinn haben; man kann nicht behaupten, eine Feldstärke sei schön oder häßlich. Wir werden vielmehr nur über unsere Sinneseindrücke zu sprechen haben, aus deren systematischer Ordnung wir weitere Schlüsse ziehen. Das gibt der Mechanik ihre wichtige Stellung, weil wir Bewegungen zu sehen und zu tasten vermögen. Darüber hinaus können wir Kälte und Wärme spüren, wir können hören, riechen und schmecken, für die unmittelbare Wahrnehmung elektrischer Feldstärken besitzen wir aber nur ein recht kümmerliches Organ in unseren Augen, mit denen wir elektromagnetische Wellen mit Wellenlängen zwischen 0,4 und 0,7 Tausendstel Millimetern wahrzunehmen vermögen. Auch dieser schmale Zugang zu elektromagnetischen Wellen gestattet uns nur eine rohe Klassifizierung nach Farbe und Helligkeit. Über die Polarisation des Lichtes vermögen wir keine direkte Aussage zu machen, und seine spektrale Zusammensetzung wird durch die Farbe nur sehr pauschal beschrieben. Wir besitzen kein Organ für Elektrizität, nur für solche ihrer Wirkungen, die entweder auf der Wärmeerzeugung durch elektrischen Strom aufgebaut sind oder auf der ponderomotorischen Wirkung der Elektrizität, d.h. der Bewegung von Körpern unter der Einwirkung elektrischer Kräfte, beruhen, im ganzen also für ihre thermischen und mechanischen Folgen, nicht für sie selbst. Analoges gilt für das Schwerefeld; wir bemerken nur die Schwerkraft, die auf reale Körper wirkt, also auch hier letzten Endes nur die ponderomotorischen Wirkungen.

Wie soll nun angesichts dieses beschränkten Wahrnehmungsvermögens (das natürlich auch auf unsere Sprache abfärbt) ein möglicher Antwortenkatalog zu der Frage „Was ist die Feldstärke?" aussehen? Die Wahrheit ist, daß wir sie nur an ihren wahrnehmbaren Wirkungen erkennen und aus diesen erschließen, und — um noch einmal Newton zu zitieren — „es genügt, daß die Schwere wirklich existiert und daß sie gemäß den von uns dargelegten Gesetzen wirkt".

Ist damit das philosophische Problem durch eine sinngemäße Abgrenzung der Fragestellungen zumindest nicht mehr für die

Physik vorhanden und der leere Raum mit der Nahkraft durch Einführung des Feldbegriffes verträglich geworden, so ist doch der Michelson-Versuch noch immer nicht voll ausgeschöpft. Die Konstanz der Lichtgeschwindigkeit, unabhängig vom Bewegungszustand des Beobachters, zieht eine weitere Konsequenz nach sich, die zuerst 1905 Einstein in voller Schärfe dargelegt hat. Mit dieser Arbeit hat er die Relativitätstheorie begründet.

Diese weitere Konsequenz wollen wir uns anhand von ein paar kleinen Skizzen klar machen. Es seien in Abb. 5 nach Art

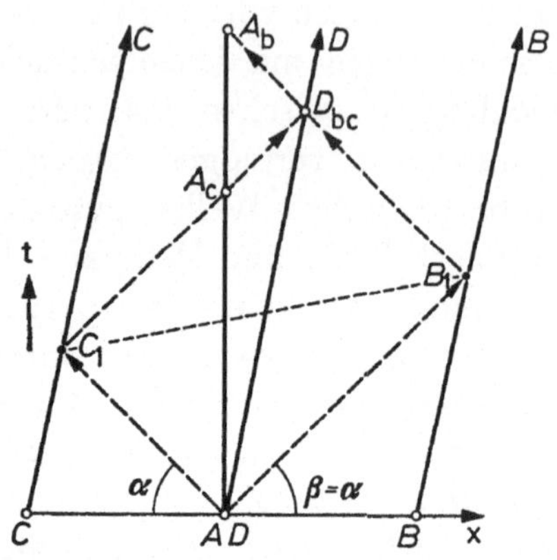


Abb. 5. Lichtsignale bei absoluter Bewegung. Orte sind nach rechts und links ($x$), die Zeit ($t$) nach oben aufgetragen. Der Beobachter $A$ bleibt in Ruhe: Sein Ort zu verschiedenen Zeiten ist also stets der gleiche entsprechend seiner „Weltlinie"

$$A - A_c - A_b.$$

Die drei Beobachter $B, C, D$ bewegen sich mit der gleichen Geschwindigkeit nach rechts; ihre „Weltlinien" sind daher um den gleichen Winkel geneigt. Das von $A$ zur Zeit $t = 0$ abgegebene Lichtsignal ist durch die gestrichelten Linien beschrieben. Es läuft mit gleicher Geschwindigkeit nach links und rechts ($\alpha = \beta$), wird in $B_1$ und $C_1$ reflektiert und erreicht $A$ von $C_1$ kommend bei $A_c$ früher als von $B_1$ kommend bei $A_b$: Die beiden Reflexionen finden nicht gleichzeitig statt, denn die Verbindungslinie $B^1, C_1$ ist nicht waagerecht

eines „graphischen Fahrplans" nach rechts Orte ($x$) und nach oben Zeit ($t$) aufgetragen. Dann gibt jede Linie in diesem Diagramm den Ort eines Körpers im Laufe der Zeit an. Zeigt die Linie senkrecht nach oben, so ruht der Körper auf der $x$-Achse, zeigt sie nach rechts oben, so bewegt er sich mit einer Geschwindigkeit, die um so größer ist, je flacher die Linie ist. Wir denken uns nun drei Beobachter $A$, $B$, $C$ auf der $x$-Achse, die zu Beginn des Versuchs ($t = 0$) dort gleiche Abstände voneinander haben. Zur Zeit $t = 0$ mögen $B$ und $C$ beginnen, sich mit der Geschwindigkeit $v$ nach rechts zu bewegen, während $A$ an dieser Bewegung nicht teilnimmt. Ebenfalls zur Zeit $t = 0$ läßt $A$ eine Laterne kurz aufblitzen. Das Lichtsignal breitet sich nach allen Seiten aus, wie es die gestrichelten Linien, deren Neigung der Lichtgeschwindigkeit entspricht, andeuten; es trifft $C$ bei $C_1$ und etwas später $B$ bei $B_1$. Wie aber stellen die drei Beobachter fest, bei wem das Signal zuerst eingetroffen ist? Sehr einfach. Jeder hat einen Spiegel, an dem das Signal reflektiert wird und zu $A$ zurückkehrt. Die Figur lehrt, daß das Signal von $C$ her $A$ bereits bei $A_c$, das von $B$ her erst später bei $A_b$ erreicht. Hätten wir nun noch einen vierten Beobachter $D$, der, anfänglich am gleichen Ort wie $A$, sich dann wie $B$ und $C$ nach rechts mitbewegt hätte, so würde dieser von beiden Signalen in $D_{bc}$ gleichzeitig erreicht; nach seiner Ansicht wären $B$ und $C$ daher gleichzeitig von dem Signal getroffen worden.

In Abb. 5 haben wir den Beobachter $A$ als ruhend, die drei anderen als bewegt bezeichnet. Das ist in der Newtonschen Grundkonzeption eines absoluten Raumes möglich, und das experimentelle Kriterium dafür ist die Ausbreitungsgeschwindigkeit des Lichtes, die bezüglich des ruhenden Beobachters nach links und rechts hin gleich ist. Das heißt eben, daß die gestrichelten Linien in Abb. 5 alle die gleiche Neigung gegen die $x$-Achse haben. Man sieht, daß dann auch absolute Zeitangaben möglich werden: Die bei $C_1$ und $B_1$ reflektierten Signale treffen nicht gleichzeitig in $A$ ein; wir schließen daraus, daß die Reflexion bei $C$ früher als bei $B$ erfolgte. Absoluter Raum und absolute Zeit sind also eng miteinander verkoppelte Begriffe. Daß der mit $B$ und $C$ mitbewegte Beobachter $D$ von beiden reflektierten Signalen gleichzeitig erreicht wird, stört dabei nicht: Da $A$ in Ruhe, $D$ aber bewegt ist, können wir getrost dahin entscheiden, daß die Beobachtungen von $A$ maßgebend und richtig, die von $D$ gefundene Gleichzeitigkeit aber nur scheinbar ist.

Dem wäre kaum etwas hinzuzufügen. Allenfalls könnten wir noch zum besseren Verständnis einen „graphischen Fahrplan" im Bezugssystem $x'$ der Beobachter $B$, $C$ und $D$ entwerfen, also mit Hilfe einer $x'$-Achse, die sich wie $B$, $C$ und $D$ gegen die $x$-Achse bewegt. In diesem System müßte sich $A$ jetzt „scheinbar" nach links mit der gleichen Geschwindigkeit $v$ wie vorher in Abb. 5 $B$, $C$ und $D$ nach rechts bewegen. In Abb. 6 ist das aufgezeichnet.

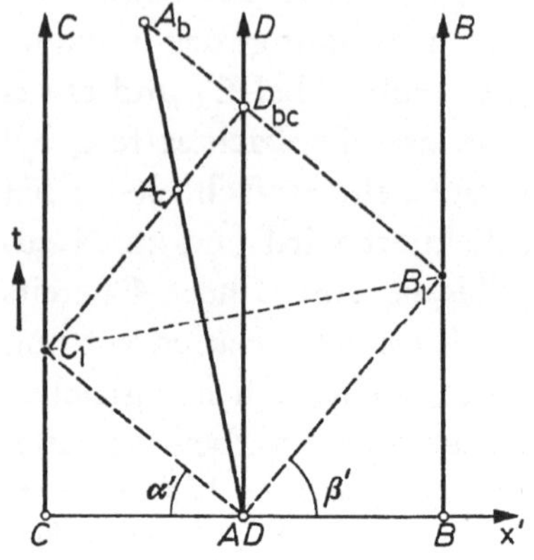


Abb. 6. Dasselbe wie Abb. 5, nur im Koordinatensystem $(x')$ von $BCD$ dargestellt. $A$ bewegt sich relativ zu diesen nach links. Die Lichtgeschwindigkeit sollte in diesem bewegten System einem Ätherwind unterliegen, der Winkel $\alpha'$ daher *kleiner* als $\beta'$ sein. Für die Frage der Gleichzeitigkeit gilt wieder das bei Abb. 5 Gesagte

Das Signal von $A$ nach $C$ sollte sich dann „scheinbar" mit der größeren Geschwindigkeit $c + v$, das von $A$ nach $B$ mit der kleineren $c - v$ fortpflanzen. In Abb. 6 liegt daher $C_1$ näher an der $x'$-Achse als $B_1$; die beiden Reflexionen sind nicht gleichzeitig, denn wir richten uns wieder nach dem Urteil des absolut ruhenden Beobachters $A$ und bezeichnen das Zusammenfallen der beiden Beobachtungen von $D$ in $D_{bc}$ als „scheinbar", da ein absolut ruhender und deshalb maßgebender Beobachter $A$ seinen Vorrang jederzeit experimentell damit begründen kann, daß in seinem Bezugssystem $(x)$ die Ausbreitungsgeschwindigkeit der Lichtwellen allseitig den gleichen Wert $c$ hat.

Dies experimentelle Kriterium zur Auswahl eines absolut ruhenden Bezugssystems wird nun aber gerade durch den Michelson-Versuch zerstört. Das System, in dem $A$ ruht, ist nicht mehr gegenüber demjenigen, in dem $B$, $C$ und $D$ ruhen, ausgezeichnet, denn auch im letzteren bleibt die Lichtgeschwindigkeit in allen

Richtungen gleich $c$. Abb. 6 ist daher falsch und durch Abb. 7 zu ersetzen, in der $C_1$ und $B_1$ gleichweit von der $x'$-Achse entfernt sind. In diesem System erfolgen also die Reflexionen bei $B$ und $C$ gleichzeitig, wie es bereits der in diesem System ruhende Beobachter $D$ gefunden hatte, während $A$ nach wie vor das schon

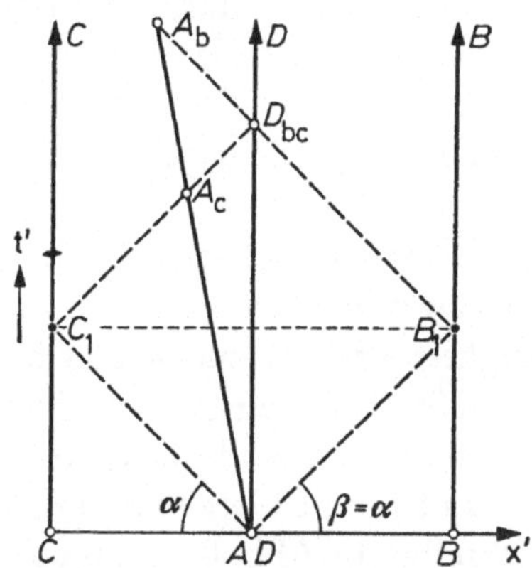



Abb. 7. Nach dem Ergebnis des Michelson-Versuches ist Abb. 6 nicht richtig: Die Winkel bei $A$ müssen auch im Koordinatensystem $(x')$ von $BCD$ unverändert bleiben $(\alpha = \beta)$. Daher verdient das Koordinatensystem $(x)$ von $A$ vor demjenigen $(x')$ von $BCD$ keinen Vorzug: Wir können lediglich eine Relativbewegung konstatieren. Die Zeitskala muß ebenfalls verändert werden $(t')$; die Punkte $B_1$ und $C_1$ liegen jetzt auf einer Horizontalen. Die von $D$ nunmehr notwendig konstatierte Gleichzeitigkeit der beiden Reflexionen bei $B_1$ und $C_1$ ist völlig gleichwertig der von $A$ aufgrund von Abb. 5 behaupteten Nichtgleichzeitigkeit: Abb. 5 und Abb. 7 sind gleichberechtigte Beschreibungen des gleichen Vorganges

durch Abb. 5 festgelegte Recht hat, $C_1$ früher als $B_1$ anzusetzen. $D$ erklärt also aufgrund seiner Abb. 7 die beiden Ereignisse mit demselben Recht als gleichzeitig, mit dem sie $A$ aufgrund seiner Abb. 5 als ungleichzeitig erklärt, und es gibt kein experimentelles Kriterium zu entscheiden, ob dem einen oder dem anderen Ausspruch ein höherer Wahrscheinlichkeitsgehalt zukommt. Die Gleichzeitigkeit zweier Ereignisse an *verschiedenen* Orten wird daher abhängig vom Bewegungszustand des Beobachters. Nur am *gleichen* Ort hat der Begriff Gleichzeitigkeit noch Sinn: In Abb. 7 wie in Abb. 6 sind die beiden Ereignisse des Eintreffens der reflektierten Signale bei $D$ gleichzeitig und bei $A$ trifft das von $B$ reflektierte später als das von $C$ reflektierte ein.

Damit ist nun aber zugleich mit der Unmöglichkeit des absoluten Raumes auch die Einführung einer absoluten Zeit unmöglich geworden. Während in den Abb. 5 und 6 die gleiche, eben absolute Zeitskala, alle Ereignisse beschrieb, ist bei Ersetzung der offensichtlich falschen Abb. 6 durch die richtige Abb. 7 eine andere, mit $t'$ bezeichnete Zeitskala dem Bezugssystem $x'$ zugeordnet. Mit anderen Worten: Es gibt keine absolute Zeit; relativ zueinander bewegte Bezugssysteme haben verschiedene „Eigenzeiten".

Auch in der Formelsprache sieht man leicht ein, daß es so sein muß. Wir denken uns zwei Beobachter $A$ und $B$ in der $x$-Richtung mit der Geschwindigkeit $v$ relativ zueinander bewegt. Dann sei $x$ der Ort, den $A$ in seinem Bezugssystem einem Körper $K$ zur Zeit $t$ gibt und $V$ die Geschwindigkeit, die er ihm zuordnet. Ferner sei $x'$ der Ort und $V'$ die Geschwindigkeit, die $B$ dem gleichen Körper $K$ zuschreibt. In Abb. 8 ist das aufgezeichnet, wobei

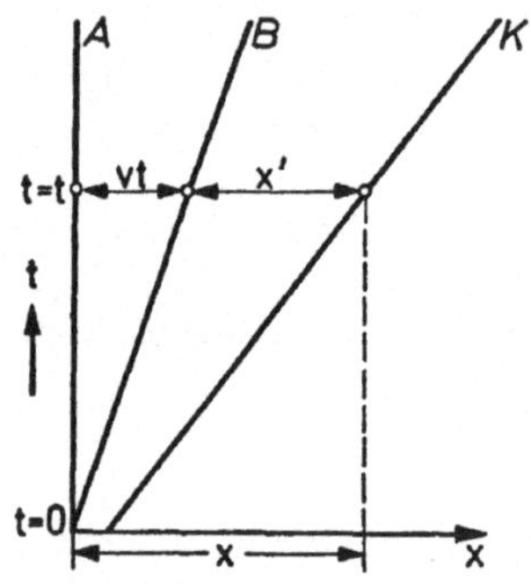


Abb. 8. Zur Galileitransformation. Orte nach rechts ($x$ bzw. $x'$); Zeit ($t$) nach oben aufgetragen. Der Ort eines Körpers $K$ zur Zeit $t$ wird von dem Beobachter $A$ als $x$, von $B$ als $x' = x - vt$ angegeben

$A$ relativ zum Papier ruht. Die Figur zeigt, daß dann bei Voraussetzung einer absoluten Zeit

$$x = x' + vt'; \qquad t = t' \tag{1}$$

gilt, woraus für die Geschwindigkeiten das Additionstheorem

$$V = V' + v \tag{2}$$

folgt. Es ist üblich, die Beziehung (1) als Galilei-Transformation zu bezeichnen. Von dieser einfachen Zusammensetzung von Geschwindigkeiten haben wir z.B. in Abb. 6 Gebrauch gemacht. Diese Beziehungen können aber offensichtlich nicht richtig bleiben, wenn anstelle des Körpers $K$ ein Lichtsignal tritt; denn dann versagt die Addition der Geschwindigkeiten, und das Signal hat sowohl für $A$ als auch für $B$ die gleiche Geschwindigkeit $c$, d.h. wenn $V' = c$ ist, so muß auch $V = c$ werden.

Korrigiert man nun das Addtionstheorem der Geschwindigkeiten, indem man Gl. (2) durch den etwas komplizierten Ausdruck

$$V = \frac{V' + v}{1 + V' v/c^2} \tag{2'}$$

ersetzt, so folgt mit $V' = c$ für die Lichtgeschwindigkeit auch im ungestrichenen Bezugssystem (von $A$)

$$V = \frac{c + v}{1 + c\, v/c^2} = c,$$

während wir, wenn $V'$ und $v$ klein gegen $c$ sind, die Korrektur im Nenner vernachlässigen können und auf die alte Formel (2) zurückfallen. Führt man den anhand von Abb. 5—7 dargelegten Einsteinschen Grundgedanken quantitativ durch, so ergibt sich nun gerade dies Additionstheorem der Geschwindigkeiten.

Wir können hier nicht im einzelnen auf die mathematischen Zusammenhänge eingehen, die z.T. schon vor Einstein von Lorentz 1904, z.T. einige Jahre später von Minkowski 1908, hergeleitet worden sind. Anstelle der Galilei-Transformation (1) tritt bei einer quantitativen Analyse der Abb. 5 und 7 die Lorentz-Transformation

$$x = \frac{x' + v\, t'}{\sqrt{1 - \beta^2}}; \qquad t = \frac{t' + v\, x'/c^2}{\sqrt{1 - \beta^2}} \tag{1'}$$

mit der Abkürzung $v/c = \beta$. Ist $v$ sehr klein gegen $c$, so geht diese wieder in die Galilei-Transformation (1) über.

Die wichtigsten Resultate, die hieraus abgeleitet werden können, sind folgende:

1. Raum und Zeit sind miteinander gekoppelt; beim Übergang zwischen zwei Bezugssystemen, die sich relativ zueinander bewegen, wird nicht nur die Ortskoordinate, sondern auch die Zeitskala durch den Nenner $\sqrt{1 - \beta^2}$ verändert.

2. Es gibt kein ausgezeichnetes Bezugssystem, dessen Koordinaten einen absoluten Raum und dessen Eigenzeit eine absolute Zeit kennzeichnen. Alle mit konstanter Geschwindigkeit gegeneinander bewegten Bezugssysteme sind vielmehr gleichberechtigt.

3. Ein sich am Beobachter vorbeibewegender Gegenstand erscheint diesem in der Bewegungsrichtung verkürzt, d.h. die Transformation von $x$ auf $x'$ ist mit einer Maßstabsänderung verbunden (Lorentzkontraktion).

4. Eine sich an einem Beobachter vorbeibewegende Uhr erscheint diesem in ihrem Gang verlangsamt (Zeitdilatation).

Die beiden letzten Punkte sind nun so beschaffen, daß sie sich experimentell belegen lassen, so bald man Objekte zur Verfügung hat, die sich nahezu mit Lichtgeschwindigkeit bewegen. Über solche Objekte verfügen wir aber etwa seit der Jahrhundertwende, seitdem wir nämlich gelernt haben, mit Elementarteilchen zu experimentieren.

Ein berühmt gewordenes Beispiel zur Lorentzkontraktion ist die Wirkung eines sehr schnellen Elektrons auf andere Teilchen. Das ruhende Elektron ist von einem elektrischen Feld umgeben, das allseitig gleich stark ist; bewegt es sich, so drückt die Lorentzkontraktion das Feld zu einer schmalen transversalen Feldscheibe zusammen. Dann erhalten wir ein elektrisches Feld nach Art desjenigen von unpolarisiertem Licht. In der Tat findet man, daß die Wirkungen eines Elektronenstrahls auf seine Umgebung sich bei sehr hohen Geschwindigkeiten immer weniger von derjenigen eines unpolarisierten Lichtstrahls unterscheiden.

Auch die veränderten Zeitmaßstäbe können wir heute unmittelbar experimentell belegen. Historisch hat ein Beispiel aus der kosmischen Strahlung dabei eine Rolle gespielt, das wir etwas näher betrachten wollen. Die Primärteilchen der kosmischen Strahlung, die von außen her auf unsere Atmosphäre treffen, erzeugen bereits in hohen Schichten durch Reaktion mit den Atomkernen der Luft eine seit rund 30 Jahren bekannte neue Art von Elementarteilchen, die wir heute als Myonen bezeichnen. Diese Myonen sind instabil, und seit wir sie auch künstlich im Laboratorium herstellen können (seit 1948), können wir ihre Halbwertszeit recht genau zu $T = 1{,}5$ Mikrosekunden angeben. Vereinfachen wir für eine Überschlagsrechnung die Darstellung dahin, daß diese Myonen alle in 9 km Höhe in der Atmosphäre erzeugt werden und daß sie nahezu mit Lichtgeschwindigkeit fliegen, so legen sie während einer Halbwertszeit die Strecke $cT = 450$ m zurück, also rund 1/20 ihrer Höhe über dem Erdboden. Von der anfänglichen Anzahl würde dann nur noch der Bruchteil

$$\left( \frac{1}{2} \right)^{20},$$

d. i. etwa ein Millionstel, bei uns ankommen. Dies steht in krassem Widerspruch zu den Messungen, nach denen uns noch etwa ein Zehntel der Anfangsintensität erreicht. Die Einsteinsche Analyse des Zeitbegriffes löst dies Paradoxon: Nur für einen relativ zum Myon ruhenden (also mit ihm zusammen bewegten) Beobachter trifft die genannte Halbwertszeit zu; für einen relativ zur Myon-Uhr bewegten (z. B. relativ zur Erdoberfläche ruhenden) Beobachter geht die Uhr entsprechend der Zeitdilatation langsamer, und zwar wird diese Zeitdilatation nach den oben angegebenen Formeln durch

$$t_{\text{Beob.}} = \frac{t_{\text{Myon}}}{\sqrt{1 - \beta^2}}$$

gegeben. In unserem Fall muß die Lebensdauer etwa um den Faktor 7 vergrößert sein, denn dann wird die Strecke $7\,cT$ während einer Halbwertszeit zurückgelegt, die 7/20 oder etwa 1/3 der ganzen Höhe von 9 km beträgt, so daß die Anzahl der Myonen nur auf rund $\left(\frac{1}{2}\right)^3 = \frac{1}{8}$ oder etwas mehr als 10% abnimmt, wie es die Beobachtungen verlangen. Dann wird also

$$\frac{1}{\sqrt{1 - \beta^2}} = 7, \qquad \text{woraus} \qquad \beta = \frac{v}{c} = 0{,}990$$

folgt; die Geschwindigkeit der Myonen ist eben fast gleich $c$.

Im Rahmen des relativierten Begriffes von Raum und Zeit, den die Relativitätstheorie anstelle des absoluten Raum- und Zeitbegriffes von Newton gesetzt hatte, entstand nun die Aufgabe, die Physik neu aufzubauen. Es ist klar, daß z. B. die Mechanik jetzt eine Form erhielt, die bei Geschwindigkeiten, die klein gegen $c$ sind, keinen merklichen Unterschied zu dem so vielfach bewährten Newtonschen Bilde ergibt, während andererseits keine noch so große Energiezufuhr einen Körper über die Lichtgeschwindigkeit hinaus zu beschleunigen vermag. Dies drückt sich darin aus, daß die kinetische Energie eines Körpers der Masse $m_0$ und der Geschwindigkeit $v$ nicht mehr durch die Newtonsche Formel

$$K = \tfrac{1}{2} m_0 v^2$$

wiedergegeben wird, sondern durch den komplizierten Einsteinschen Ausdruck

$$K = m_0 c^2 \left\{ \frac{1}{\sqrt{1 - \beta^2}} - 1 \right\},$$

der sich, wenn $v$ sehr klein gegen $c$ ist, nicht merkbar von $\tfrac{1}{2} m_0 v^2$ unterscheidet, für $v \to c$ aber unendlich groß wird. In Abb. 9

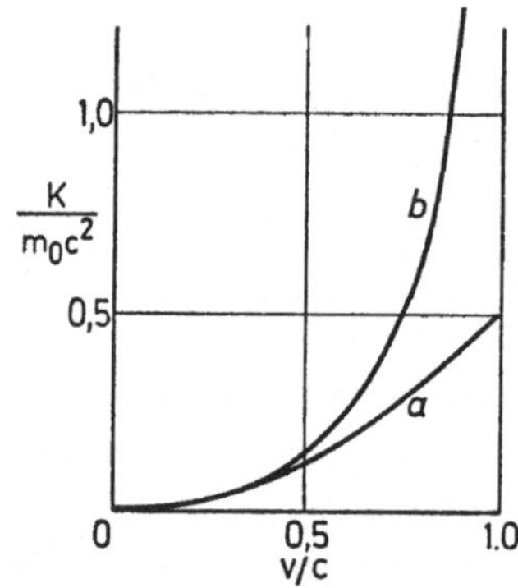



Abb. 9. Kinetische Energie $K$ eines Körpers als Funktion seiner Geschwindigkeit $v$, in Einheiten $m_0 c^2$ und $c$. a) Anstieg gemäß der klassischen Formel $K = \tfrac{1}{2} m_0 v^2$; b) Anstieg nach der Relativitätstheorie. Hier wächst bei $v = c$ die kinetische Energie über alle Grenzen

ist der Unterschied beider Formeln gezeichnet. Die Kurve $a$ entspricht der Newtonschen, Kurve $b$ der Einsteinschen Formel.

Man kann diesen Energieausdruck auch anders wenden, indem man die Masse neu definiert, so daß sie keine Konstante der Be-

wegung ist, sondern mit wachsender Geschwindigkeit anwächst.
Man schreibt dann für die Masse

$$m = \frac{m_0}{\sqrt{1 - \beta^2}},$$

erhält also

$$m c^2 = m_0 c^2 + K$$

und unterscheidet zwischen der Masse $m$ des bewegten Körpers
und seiner Ruhmasse $m_0$, alles bezogen auf den Beobachter.

Diese Schreibweise legt den Gedanken nahe, auch die gesamte Energie $E$ eines Körpers aus seiner Ruhenergie $m_0 c^2$ und
seiner kinetischen Energie $K$ zusammenzusetzen,

$$E = m_0 c^2 + K;$$

dann gilt allgemein

$$E = m c^2.$$

Diese berühmte Einsteinsche Beziehung, die hier nur für eine
Punktmasse erhalten wurde, findet ihre volle Bestätigung in einer
Untersuchung der elektromagnetischen Feldenergie. Auf diesem
Wege hat sie Einstein 1905 gefunden. Am Schluß seiner diesbezüglichen Arbeit (Ann. d. Physik **17**) stehen die folgenden
Sätze, in denen nur sein Zeichen $V$ durch das heute gebräuchliche
$c$ ersetzt ist:

> „Gibt ein Körper die Energie $L$ in Form von Strahlung ab, so
> verkleinert sich seine Masse um $L/c^2$. Hier ist es offenbar un
> wesentlich, daß die dem Körper entzogene Energie gerade in
> Energie der Strahlung übergeht, so daß wir zu der allgemeinen
> Folgerung geführt werden: Die Masse eines Körpers ist ein Maß
> für dessen Energieinhalt; ändert sich die Energie um $L$, so
> ändert sich die Masse in demselben Sinne um $L/9 \cdot 10^{20}$, wenn
> die Energie in Erg und die Masse in Grammen gemessen wird.
> Es ist nicht ausgeschlossen, daß bei Körpern, deren Energie
> inhalt in hohem Maße veränderlich ist (z.B. bei den Radium
> salzen), eine Prüfung der Theorie gelingen wird.“

Auch die Prognose des letzten Satzes hat einige Jahrzehnte
später ihre Erfüllung gefunden. Die „Radiumsalze“ waren alles,
was im Jahre 1905 von den Atomkernen bekannt war, und auf
dem Gebiet der Atomkerne ist seit den zwanziger Jahren die

Einsteinsche Relation zuerst zu physikalischem Leben gekommen. Ohne schon in Einzelheiten der Kernphysik einzugehen, läßt sich das hier in voller Allgemeinheit erläutern. Der Energieinhalt eines zusammengesetzten Systems muß, wenn das System stabil gegen einen Zerfall in seine Bestandteile sein soll, kleiner sein als die Energie der getrennten Bestandteile, damit eben diese Zerlegung nicht von selbst erfolgt, sondern eines Energieaufwandes bedarf. Dies Energiedefizit nennen wir seine Bindungsenergie. Besteht die Einsteinsche Beziehung zu Recht, so muß ein gleiches für die Masse eines zusammengesetzten Systems gelten. Im Prinzip müßte man sie daher schon an den Energieumsetzungen der Chemie nachweisen können, nur ist sie dort so klein, daß sie auch heute noch jenseits der Grenzen der Meßbarkeit liegt. Anders bei den Atomkernen, in denen pro Masseneinheit mehrere Millionen mal stärkere Bindungsenergien auftreten. Die Atomkerne bestehen aus Nukleonen; die Masse eines zusammengesetzten Atomkerns ist um rund $0,8\%$ kleiner als die Massen der Nukleonen, die ihn bilden. Diesen Massendefekt können wir nach der Relation $E = mc^2$ sofort in Bindungsenergie umrechnen, und man findet dann, daß die bei Reaktionen zwischen Atomkernen umgesetzten Energien genau den dabei auftretenden Massenänderungen der beteiligten Kerne entsprechen. Die Relation ist empirisch mit einer Genauigkeit von etwa einem halben Prozent oder etwas mehr bestätigt[18].

Bisher haben wir immer nur von der Gleichberechtigung aller Bewegungen gesprochen, die relativ zueinander mit *konstanter Geschwindigkeit* ablaufen; gelten in einem Bezugssystem die Bewegungsgleichungen von Newton, so gelten sie auch in jedem ohne Beschleunigung dagegen bewegten. Wie aber steht es mit relativ zueinander *beschleunigten Bezugssystemen?* Hierüber hat sich schon Newton Gedanken gemacht, und gerade diese Bewegungen haben ihn zu seiner Idee des absoluten Raumes verleitet. Betrachten wir etwa einen Eimer mit Wasser, der um seine Achse rotiert, so treibt die Zentrifugalkraft das Wasser am Rande in die Höhe; die Oberfläche ist nicht mehr eben, sondern durch ein Gleichgewicht aus Zentrifugalkraft und Schwerkraft bestimmt. Newton

---

[18] Flügge, S.: Nucleonics **6**, 67 (1950).

hat aus diesem Experiment entnommen, daß die Erde ein Inertialsystem sei, d. h. ein solches, in dem seine Grundgleichung gilt, daß aber der Eimer eindeutig kein Inertialsystem darstelle. Ernst Mach hat dies Gedankenexperiment konsequent weiter getrieben. Denken wir uns den rotierenden Eimer in einer Rakete in die Höhe geschossen, so nimmt der Einfluß der Schwerkraft allmählich ab; die Krümmung der Oberfläche nimmt zu, da die Zentrifugalkraft die gleiche bleibt. Dies kann man soweit treiben, bis der Einfluß der Erde ganz verschwunden ist; die Rotation behält ungemindert ihren Sinn. Worin äußert sie sich nun? Erstens kann man von dem rotierenden Eimer aus, etwa auf seinem Rande sitzend, den Fixsternhimmel betrachten und so die Rotation relativ dazu sehen; zweitens kann man die Zentrifugalkraft als eine sehr reale Kraft wahrnehmen, wenn man auf dem Eimer sitzend von ihr gegen den Rand hin gedrängt wird. Carl Neumann hat das Gedankenexperiment versucht, sich den Fixsternhimmel wegzudenken und damit der Rotation einen absoluten Sinn zu geben, eine Argumentation, die Ernst Mach mit Recht zurückgewiesen hat:

> „Mir scheint der berühmte Mathematiker von der gewiß sehr fruchtbaren Methode des Gedankenexperiments hier einen gar zu freien Gebrauch zu machen. Man darf im Gedankenexperiment unwesentliche Umstände modifizieren, um an einem Fall neue Seiten hervortreten zu lassen. Daß aber die Welt einflußlos sei, darf nicht von vornherein angenommen werden. In der Tat verschwinden die reizenden Paradoxien Neumanns erst mit dem Aufgeben des absoluten Raumes." [19]

Mit anderen Worten, da unsere Welt nun einmal von Materie angefüllt ist, hat es keinen Sinn, sich die Frage vorzulegen, ob die Rotation an einer Deformation der Wasseroberfläche beobachtet werden könnte, wenn der Eimer allein in der Welt wäre — dies ist eine der vorher umschriebenen sinnlosen Fragen, und wir können nicht entscheiden, ob es eine absolute Rotation gibt oder nicht.

Die hier besprochene Rotation ist ein einfaches Beispiel von klassischer Bedeutung, das auf eine dreihundertjährige Tradition

---

[19] Mach, E.: Die Mechanik in ihrer Entwicklung. Zitiert nach der 7. Auflage, S. 270, Leipzig 1921.

zurückgeht. Ein anderes Beispiel beschleunigter Bewegung, das Einstein herangezogen hat und das uns schneller an den Kern des Problems heranbringt, ist das Problem des geschlossenen Fahrstuhlkorbes: Die Bewegung der Kabine läßt sich nur daran feststellen, daß der Beobachter in ihrem Innern sich beim Anfahren nach oben leichter, beim Abbremsen am Ende des Aufstiegs schwerer als normal fühlt, weil die Beschleunigung $b_K$ des Fahrstuhls zur Schwerefeldstärke $g$ hinzutritt, so daß die scheinbare Feldstärke

$$g' = g + b_K$$

beobachtet wird (Abb. 10). Sprechen wir von den Kräften, die wir spüren, statt von den Beschleunigungen und Feldstärken, so

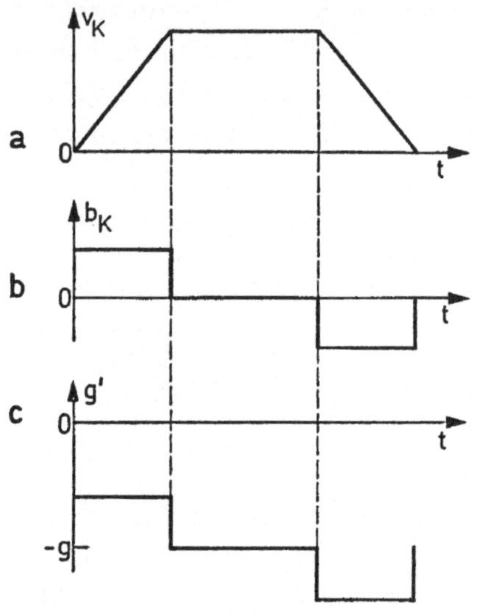


Abb. 10. Beobachtungen im Fahrstuhl. a) Die Geschwindigkeit $v_K$ des Fahrstuhlkorbes, der zur Zeit $t = 0$ anfährt, dann eine Weile mit konstanter Geschwindigkeit steigt und schließlich wieder abgebremst wird. b) Die zugehörigen Beschleunigungen $b_K$. c) Beobachtete Fallbeschleunigung $g'$ eines im Fahrstuhl frei fallenden Körpers: In der Anfangsphase ist $g'$ kleiner, in der Endphase größer als die Fallbeschleunigung $g$ im ruhenden Korb

ist $mg'$ die effektive Kraft, die wir erfahren, und die Bewegungsgleichung von Newton lautet im Innern der Kabine

$$m b = m g',$$

wobei wir die Masse links und rechts herauskürzen können. Das ist nun freilich nicht ganz selbstverständlich, sondern hier verbirgt sich eine experimentelle Erfahrung, die nicht zu allen Zeiten deutlich als solche erkannt worden ist, die *Gleichheit von träger und schwerer Masse.*

Arbeiten wir in einem relativ zur Erde ruhenden Bezugssystem, so wird ein Fallversuch offenbar beschrieben durch die Aussage

$$m_t b = m_s g,$$

d.h. die Schwerkraft definiert die *schwere Masse* $m_s$ eines Körpers, die man etwa mit der Waage bestimmen kann; in der Grundgleichung $m b = K$ spielt die Masse aber die Rolle des Trägheitswiderstandes gegen Änderungen im Bewegungszustand des Körpers, sie ist seine *träge Masse* $m_t$. Wären beide verschieden, so würden nicht alle Körper mit der gleichen Beschleunigung $g$, sondern mit verschiedenen Beschleunigungen $(m_s/m_t)g$ fallen. Würden wir Pendelschwingungen messen, so erhielten wir anstelle der bekannten Formel für die Schwingungsdauer

$$T = 2\pi \sqrt{\frac{l}{g}} \quad \text{den Ausdruck} \quad T = 2\pi \sqrt{\frac{l}{g}\frac{m_t}{m_s}}.$$

Das würde bedeuten, daß verschiedene Pendelkörper an gleichlangen Aufhängefäden ($l$) verschieden schnell schwingen müßten, wenn das Verhältnis $m_t/m_s$ von Körper zu Körper verschiedene Werte hätte. Das Experiment zeigt jedoch, daß die Schwingungsdauer bei gleicher Fadenlänge stets die gleiche ist, d.h. $m_t/m_s$ ist eine universelle, von Größe und Material des Pendelkörpers unabhängige Konstante, die wir bei geeigneter Wahl der Einheiten $= 1$ setzen dürfen: Die Identität

$$m_t = m_s$$

ist also eine experimentell geprüfte, keineswegs selbstverständliche Aussage.

Für unseren Fahrstuhl sieht es ähnlich aus; die Bewegungsgleichung würde

$$m_t b = m_s g + m_t b_K$$

lauten, und wenn wir dies durch eine effektive Schwerefeldstärke $g'$ ausdrücken, d.h. die rechte Seite der Gleichung als effektive

Schwerkraft $m_s\, g'$ interpretieren wollen, so wird

$$g' = g + \frac{m_t}{m_s}\, b_K.$$

Wären also $m_t$ und $m_s$ für verschiedene Körper nicht immer gleich, so ließen sich durch Beobachtungen an zwei verschiedenen Körpern die beiden Anteile von $g$ und $b_K$ durch Beobachtung zweier verschiedener $g'$ trennen. Sehr genaue Experimente in dieser Richtung sind seit der Erkenntnis, daß die Gleichheit $m_t = m_s$ nicht trivial ist, bewußt angestellt worden. Die genauesten Versuche sind die Messungen von R. H. Dicke[20] an Kugeln aus Blei und Aluminium; sie haben die experimentelle Grenze für mögliche Unterschiede auf weniger als $10^{-11}$ festgelegt.

Diese Gleichheit ist offenbar ein fundamentaler Satz der Physik, der in ihre Grundbegriffe eingehen sollte, statt wie von Newton bis zur speziellen Relativitätstheorie hin als ein mehr zufälliges Korollar behandelt zu werden. Er gibt der Gravitationskraft eine Sonderstellung vor anderen Kräften; doch ist dies auch nicht mehr als billig: Elektrische Kräfte z. B. bestehen nur zwischen geladenen Körpern, die Gravitationsanziehung aber besteht zwischen allen.

Die Gleichheit der beiden Massenarten führt unmittelbar zum *Äquivalenzprinzip*, das Einstein 1915 zum Ausgangspunkt der allgemeinen Relativitätstheorie machte: Die Trennung zwischen $g$ und $b_K$ ist grundsätzlich nicht möglich; nur ihre Summe ist meßbar und damit physikalisch sinnvoll. Die alte Streitfrage, ob die Zentrifugalkraft eine Scheinkraft oder eine wirkliche Kraft sei, ist ebenso sinnlos, wie die Frage, ob die Veränderung der Schwerkraft, die wir im Fahrstuhl spüren, zur Ursache die Beschleunigung des Korbes oder eine Abhängigkeit der Gravitationsanziehung vom relativen Bewegungszustand von Erde und Fahrstuhl hat. Welche Beschreibung wir wählen, hängt davon ab, welches Bezugssystem wir wählen; für bestimmte Zwecke kann das eine Bezugssystem praktisch geeigneter sein als das andere, aber das ist eben nur eine Frage der Zweckmäßigkeit ohne prinzipielle

---

[20] Roll, Krotkov, Dicke: Annals of Physics **26**, 442 (1964). Elementare Beschreibung bei Taylor u. Wheeler: Spacetime Physics, S. 80ff. San Francisco u. London 1966.

Folgen. Es gibt keine absolute Bewegung, auch keine absolute Beschleunigung.

Bis zu diesem Punkte hin haben wir nur Kritik an den Grundlagen der Physik geübt. Viel schwieriger ist die Aufgabe, bessere Grundlagen aufzubauen, und hierin liegt Einsteins eigentliche Leistung von 1911 bis 1915. Diesen zweiten und entscheidenden Schritt hat er in der *Geometrisierung der Gravitationskräfte* vollzogen.

Auch hier wollen wir mit einem Gedankenexperiment beginnen, das übrigens auf Einstein selbst zurückgeht. Wir denken uns einen Kreis auf den Erdboden gezeichnet, so daß Bewegungen in der Kreisebene keinen Einwirkungen des Gravitationsfeldes der Erde unterliegen. Ein Beobachter $A$ in dem Bezugssystem der Erde soll diesen Kreis ausmessen, indem er einen starren Maßstab als Längeneinheit benutzt, der kurz sei im Vergleich zum Radius des Kreises. Muß er ihn längs eines Durchmessers, sagen wir, 100mal nacheinander anlegen, so findet er, daß er beim Ausmessen des Umfanges ihn (etwas mehr als) 314mal nacheinander anzulegen hat, da das Verhältnis von Umfang zu Radius $= \pi = 3{,}14 \ldots$ ist. Nun denken wir senkrecht durch diese Ebene im Kreismittelpunkt eine Achse gesteckt und auf ihr eine rotierende Scheibe angebracht (Abb. 11), die das Bezugssystem eines auf ihr befindlichen Beobachters $B$ bildet, der den gleichen Maßstab wie $A$ zum Ausmessen benutzt. Legt $B$ nun den Maßstab längs des Radius an, so bewegt sich dieser im Bezugssystem von $A$ senkrecht zu seiner Längser-

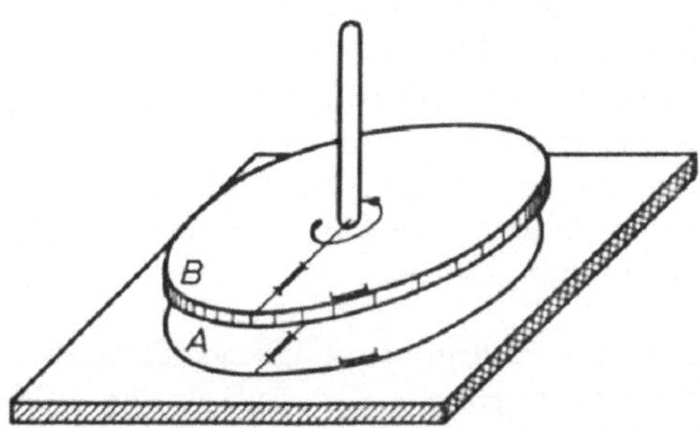

Abb. 11. Auf einem horizontalen Tisch ist ein Kreis $A$ gezeichnet, durch dessen Mittelpunkt eine senkrechte Achse gesteckt ist, auf welche die rotierende Kreisscheibe $B$ aufgesteckt ist. Radial und tangential angeordnete Maßstäbe zum Ausmessen von Durchmesser und Umfang der beiden Kreise sind angedeutet. Bei den tangentialen Maßstäben tritt Lorentzverkürzung auf

streckung, so daß er keine Lorentzverkürzung erfährt: $A$ und $B$ erhalten das gleiche Resultat 100 für den Durchmesser. Legt $B$ den Maßstab aber an die Peripherie an, so bewegt er sich für $A$ in seiner Längsrichtung, erscheint also verkürzt; der Beobachter $B$ muß also mehr als 314mal den Stab anlegen. Das Verhältnis von Umfang zu Durchmesser des Kreises ist für $B$ also größer als $\pi$, in Widerspruch zu den Aussagen der elementaren Geometrie. Dabei ist es gleichgültig für $B$, ob er das Zentrifugalkraftfeld, das radial nach außen zeigt und mit dem Radius nach außen anwächst, und das er zum mindesten als eine reale Kraft empfindet, als Scheinkraft infolge einer Rotation relativ zu $A$ oder als echte Gravitationskraft bezeichnet. Auf jeden Fall ist seine Geometrie verändert, so daß der Kreisumfang im Verhältnis zum Durchmesser zu groß ist.

Unser Ergebnis zeigt, daß einfache geometrische Beziehungen, wie die zwischen Umfang und Durchmesser eines Kreises, keine logischen Notwendigkeiten, sondern empirische Erfahrungen, oder doch wenigstens aus einfacheren empirischen Erfahrungen durch logische Schlüsse abgeleitet sind. Mit anderen Worten, die Grundlagen der Geometrie gehören nicht der Mathematik, sondern der Physik an[21]. Kein Geringerer als Gauß hat sich schon zu dieser Erkenntnis durchgerungen gehabt. In seinen Briefen an den Königsberger Astronomen Friedrich Bessel[22] schreibt er am 27. Januar 1829:

„... Auch über ein anderes Thema, das bei mir schon fast 40 Jahre alt ist, habe ich zuweilen in einzelnen freien Stunden wieder nachgedacht; ich meine die ersten Gründe der Geometrie; ich weiß nicht, ob ich Ihnen je über meine Ansichten darüber gesprochen habe. Auch hier habe ich manches noch weiter consolidirt, und meine Überzeugung, daß wir die Geometrie nicht vollständig a priori begründen können, ist wo möglich noch fester geworden."

---

[21] Geometrie ist hier in dem ursprünglichen Sinne der Bestimmung der Struktur des *realen* Raumes gemeint. Der Aufbau aller *denkbaren* Raumstrukturen gehört selbstverständlich in die Mathematik. In diesem Sinne sind die weiter unten genannten Arbeiten von Riemann reine Mathematik, da in ihnen eine Vielfalt denkbarer Geometrien entwickelt wurde, aus denen die Physik sodann die im realen Raum realisierten herauszufinden hat.

[22] Briefwechsel zwischen Gauß und Bessel. Herausgegeben auf Veranlassung der Kgl. Preuß. Akad. d. Wiss., S. 490 und 497, Leipzig 1880.

und am 9. April 1830:

> „Nach meiner innigsten Überzeugung hat die Raumlehre in
> unserem Wissen a priori eine ganz andere Stellung wie die reine
> Größenlehre; es geht unserer Kenntnis von jener durchaus die-
> jenige vollständige Überzeugung von ihrer Notwendigkeit (also
> auch von ihrer absoluten Wahrheit) ab, die der letzteren eigen
> ist; wir müssen in Demut zugeben, daß, wenn die Zahl bloß
> unseres Geistes Produkt ist, der Raum auch außer unserem
> Geiste eine Realität hat, der wir a priori ihre Gesetze nicht voll-
> ständig vorschreiben können.“

Im Zuge der Landesvermessung des Königreichs Hannover
hat Gauß auch besonderen Wert darauf gelegt, nachzumessen, ob
die Winkelsumme in einem Dreieck wirklich 180° beträgt oder
vielleicht schon bei Dreiecken, deren Seiten an die 100 km lang
sind, meßbar von diesem Wert abweicht. Hierzu diente die Vermessung dreier Bergkuppen in der weiteren Umgebung von Göttingen (Abb. 12). Als dann in den fünfziger und sechziger Jahren

Abb. 12. Das von Gauß ausgemessene Dreieck, dessen Winkelsumme sich zu 180° ergab. Man beachte, daß dies nichts mit der
Krümmung der Erdoberfläche zu tun hat,
sondern lediglich eine Aussage über die
Geradlinigkeit der drei verbindenden Lichtstrahlen enthält

des Jahrhunderts der Göttinger Mathematiker Riemann die von
Gauß begründete Flächentheorie zu einer dreidimensionalen nicht-
euklidischen Geometrie ausbaute und dadurch klar wurde, daß aus
anderen Axiomen andere Geometrien entwickelt werden können,

war ein Handwerkszeug geschaffen, mit dessen Hilfe 1870 Clifford einen ersten Versuch zur geometrischen Erklärung der Materie unternahm. Freilich blieb ihm der Erfolg versagt, da der Relativitätsbegriff und die Einbeziehung der Zeit in das Gesamtbild noch nicht bestanden, die erst Einstein entwickelt und auf denen dieser dann weitergebaut hat.

Jeder kennt eine zweidimensionale nichteuklidische Geometrie: die Geometrie auf einer Kugelfläche, etwa auf der Erdkugel. Hier gibt es keine geraden Linien: Die kürzeste Verbindung zweier Punkte ist ein Größtkreis, d.h. ein Kreis, dessen Mittelpunkt im Kugelmittelpunkt liegt und der daher die kleinstmögliche Krümmung hat. (Eine solche Linie bezeichnet man allgemein auch als eine geodätische Linie.) Die Winkelsumme im Dreieck ist auch nicht 180°; ein anschauliches Beispiel dafür (Abb. 13) ist das Dreieck aus einem Viertel des Äquators und

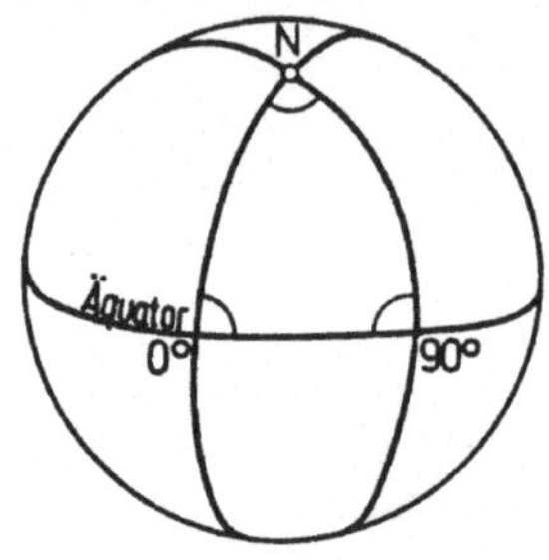


Abb. 13. Ein sphärisches Dreieck auf der Erdkugel, gebildet aus den Meridianen zur geographischen Länge 0° und 90° und dem zwischen ihnen liegenden Viertel des Äquators. Die Summe der drei Dreieckswinkel ist 270°

zwei von dessen Endpunkten zum Nordpol führenden Meridianen; jeder der drei Winkel ist ein Rechter, ihre Summe also 270°. Zeichnen wir auf der Kugelfläche einen Kreis (keinen Größtkreis), so ist sein Durchmesser aus der Kreisebene heraus gewölbt und daher auf der Kugelfläche gemessen länger, als wenn er gerade wäre; daher ist das Verhältnis von Umfang zu Durchmesser kleiner als $\pi$. Diese sphärische Geometrie, die Gauß 1827 zu einer auf beliebige gekrümmte Flächen anwendbaren Flächentheorie erweitert hat, zeigt also recht andersartige Eigenschaften als die uns geläufige ebene Geometrie. Dennoch widerspricht sie nicht unserer Anschauung, da die gekrümmte Fläche in den dreidimensionalen euklidischen Raum eingebettet ist, und es liegt nur an unserer Art der Behandlung, in der wir keinen Gebrauch machen von Ge-

bilden, die nicht in der Fläche selbst liegen und auf die wir die
Begriffe der ebenen Geometrie übertragen, daß wir so fremd-
artige Sätze bekommen. Wie aber, wenn wir die Theorie zwei-
dimensionaler gekrümmter Gebilde, eben diese Flächentheorie,
die Gauß geschaffen hatte, auf drei oder noch mehr Dimensionen
verallgemeinern? Dies hat Riemann 1854 getan und damit jene
Riemannsche Geometrie begründet, die in der allgemeinen Relativitätstheorie sechzig Jahre später ihre physikalische Anwendung
gefunden hat. In ihr gibt es eine *Krümmung des Raumes*, ganz analog
zur Krümmung einer Kugelfläche; da wir aber nicht aus dem dreidimensionalen physikalischen Raum „aussteigen" können wie aus
einer zweidimensionalen Fläche, können wir diese Raumkrümmung nur an solchen Beobachtungen feststellen, wie z. B., daß die
Winkelsumme im Dreieck nicht mehr 180° ist[23].

Diese Raumkrümmung entsteht nun, wie wir anhand von
Abb. 11 gesehen haben, infolge des Auftretens von Beschleuni-
gungsfeldern, also auch von Gravitationsfeldern, die wir grundsätzlich nicht davon trennen können. Wir können dann, statt mit
Newton von der beschleunigenden Wirkung eines Gravitationsfeldes auf einen Körper zu sprechen, auch sagen, daß sich der
Körper mit so konstanter Geschwindigkeit wie möglich bewegt;
ist aber der Raum — oder besser das vierdimensionale Raum-Zeit-
Kontinuum — in seiner Umgebung nicht euklidisch, so erhalten
wir keine Gerade, keine konstante Geschwindigkeit, sondern eine
*geodätische Linie*, deren Krümmung mit dem Gravitationsfeld gekoppelt ist. Lokal können wir diese Krümmung durch Wahl eines
geeigneten Koordinatensystems zwar wegtransformieren, so wie
wir lokal auch die Erdkugel als Ebene betrachten können, aber
weder gelingt dies in größerem Zusammenhang noch ist die damit verbundene Wahl eines Bezugssystems frei von Willkür.

Nach der vor-Einsteinschen Beschreibung besteht in der Umgebung der Sonne ein Gravitationsfeld. Im Rahmen der hier
skizzierten Gedankenkette können wir es durch eine mit Annäherung an die Sonne zunehmende Raumkrümmung rein geometrisch

---

[23] Bei der in Abb. 12 dargestellten Vermessung spielt die Krümmung
der Erdoberfläche keine Rolle. Das Dreieck besteht vielmehr aus drei Lichtstrahlen, welche die drei Bergkuppen miteinander verbinden.

beschreiben. Dann ist die kürzeste Verbindung zweier Punkte nicht mehr gerade, und da ein Lichtstrahl, solange keine brechenden Medien seinen Lauf hemmen, so geradlinig wie möglich verläuft, muß er in einem Gravitationsfeld krumm werden. Dies ist eine nachprüfbare Behauptung, auf die viel Mühe verwendet worden ist. Dabei ist es ähnlich gegangen wie bei der Messung der Lichtgeschwindigkeit, die so groß ist, daß die ersten terrestrischen Versuche von Galilei keinen endlichen Wert lieferten, bei der dann Römer 1676 und Bradley 1727 in astronomischen Entfernungen Erfolg hatten, und schließlich um die Mitte des vorigen Jahrhunderts die experimentellen Hilfsmittel soweit entwickelt waren, daß Fizeau 1851 sie in den Dimensionen des Labors messen konnte. Auch von der Krümmung der Lichtstrahlen im Schwerefeld sehen wir bis heute nichts in den kleinen Dimensionen terrestrischer Experimente, seit 1920 ist sie aber in den astronomischen Dimensionen der Lichtablenkung am Sonnenrand[24] beobachtet worden, und vielleicht rückt sie jetzt in einer dritten Phase in den Bereich

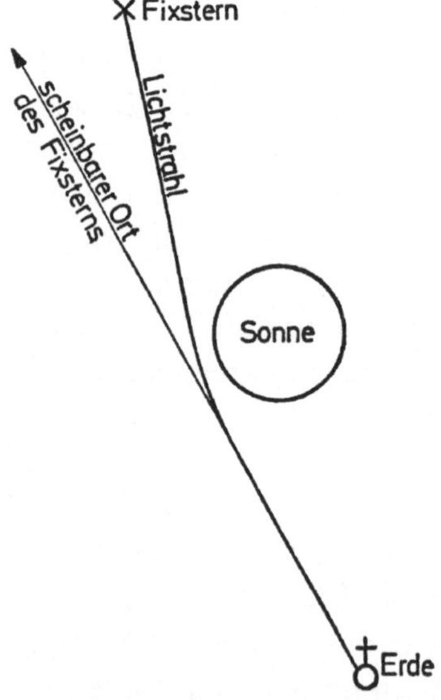


Abb. 14. Ablenkung eines Lichtstrahls am Sonnenrand. Der Winkel ist in Wirklichkeit winzig klein, etwa 2″, und liegt an der Grenze des Beobachtbaren

---

[24] An der Sonnenoberfläche ist das Schwerefeld zwar nur rund 28mal so groß wie an der Erdoberfläche, jedoch erfolgt die Einwirkung des Feldes auf den Lichtstrahl über eine rund 100mal längere Strecke als bei der Erde.

der Beobachtung im Labor. Die nach der Relativitätstheorie erwartete Ablenkung eines haarscharf den Sonnenrand passierenden Lichtstrahls (Abb. 14) beträgt 1″75. Die Astronomen messen heute im allgemeinen etwa auf 0″1 genau; aber diese Messung ist besonders schwierig, da sie praktisch nur während der paar Augenblicke einer totalen Sonnenfinsternis vorgenommen werden kann, da die Sonne völlig das Licht des hinter ihrem Rande hervortretenden Sterns überblendet. Der Effekt ist jedoch nachgewiesen; die Messungen liegen aber im Durchschnitt einige Zehntel Sekunden zu hoch, so daß dies Problem noch nicht endgültig geklärt ist.

An einem anderen, eng damit zusammenhängenden Effekt ist jedoch der Schritt zurück ins Labor bereits vor einigen Jahren gelungen, das ist die von Einstein vorhergesagte Rotverschiebung der Spektrallinien. Hier handelt es sich um einen Zeiteffekt des Gravitationsfeldes: Die Frequenz einer elektromagnetischen Schwingung verlangsamt sich, wenn die Richtung eines Lichtstrahls der Schwerkraft entgegengesetzt ist. Die Erscheinung läßt sich einigermaßen einfach ohne Verwendung des geometrischen Hilfsmittels verstehen, wenn wir eine begriffliche Anleihe bei der Quantentheorie machen: Die Energie eines Lichtstrahls der Frequenz $v$ ist in Pakete der Größe $h\,v$ gebündelt, wobei $h$ eine universelle Konstante, das „Wirkungsquantum" ist. Läuft ein Lichtstrahl senkrecht zur Erdoberfläche nach oben, so muß er einen Teil dieser Energie darauf verwenden, Arbeit gegen die Schwerkraft zu leisten, da der Energie $h\,v$ des Lichtquants die Masse $m = h\,v/c^2$ entspricht. Bei einem Höhenunterschied $z$ ist diese Arbeit $mgz$, und daher verbleibt nur mehr die Energie

$$h\,v' = h\,v - mgz = h\,v - \frac{h\,v}{c^2}\,gz,$$

d.h.

$$v' = v\,(1 - gz/c^2)$$

ist die kleiner gewordene Frequenz nach Durchlaufen des Höhenunterschiedes $z$. Für einen Höhenunterschied von $z = 20$ m ergibt das einen relativen Frequenzunterschied von

$$gz/c^2 = 2,18 \cdot 10^{-15},$$

und ein so kleiner Effekt war bis vor wenigen Jahren unter der Grenze der Meßgenauigkeit, da auch scharfe Spektrallinien stets eine endliche Frequenzbreite haben, die normalerweise groß hiergegen ist[25].

Nun ist es aber seit 1958 durch die Entdeckung des Mößbauer-Effektes möglich geworden, sehr viel schärfer in ihrer Frequenz definierte Lichtstrahlen herzustellen als bisher. Ein Atomkern des Eisenisotops $Fe^{57}$ sendet einen Gammastrahl von 14,4 keV Energie aus, der eine Frequenzunschärfe von rund $10^{-12}$ hat, was zwar immer noch groß ist gegen die erwartete Verschiebung, aber doch bereits gestattet, sie gerade eben zu messen. Pound und Rebka in Harvard[26] haben das Experiment 1960 in einem Turm von 74 Fuß ($22^1/_2$ m) Höhe ausgeführt. Sie maßen sowohl für den aufsteigenden Lichtstrahl dessen Frequenzabnahme am oberen Ende als auch für den absteigenden Lichtstrahl dessen Frequenzzunahme am unteren Ende der Anordnung, so daß sie im ganzen das doppelte des oben angegebenen Wertes, genau $4{,}92 \cdot 10^{-15}$, erwarteten. Der Mittelwert ihrer Messungen beträgt $(5{,}13 \pm 0{,}51) \cdot 10^{-15}$. Die von der allgemeinen Relativitätstheorie geforderte Rotverschiebung ist damit heute mit einer Genauigkeit von rund 10% der Messung im Laborversuch bestätigt worden.

An dieser Stelle sei noch einmal zusammengefaßt, bis zu welchem Standpunkt wir gelangt sind. Seit der Begründung einer quantitativen, auf Messungen und mathematische Beziehungen gestützten Physik im 17. Jahrhundert können wir folgende Stufen des Aufbaus erkennen: In der *ersten* Stufe erkennt zunächst Newton das Trägheitsprinzip in voller Allgemeinheit. Bezugssysteme, die mit konstanter Geschwindigkeit gegeneinander bewegt werden, sind gleichberechtigt, denn die Bewegungsgleichungen der Mechanik gelten in ihnen gleichermaßen. Mathematisch ausgedrückt: Die Koordinaten, mit deren Hilfe wir Ortsangaben machen, transformieren sich so, daß sie die Bewegungsgleichun-

---

[25] Die besonders große Breite der Spektrallinien im Sonnenlicht macht es nahezu unmöglich, den Effekt dort zu beobachten, obwohl in dem stärkeren Schwerefeld Verschiebungen bis zu $2 \cdot 10^{-6}$ in den Protuberanzen zu erwarten wären.

[26] Pound, R. V., Rebka, G. A., Jr.: Apparent weight of photons. Phys. Rev. Lett. **4**, 337 (1960).

gen invariant lassen. Eine solche Transformation heißt eine Galileitransformation. Der absolute Raum ist in dieser Stufe nur schwach begründet, aber die absolute Zeit scheint unanfechtbar.

In der *zweiten* Stufe zeigt sich, daß die elektromagnetischen Erscheinungen gegen Galileitransformationen nicht invariant sind. Dies wird besonders in der Optik bewegter Körper festgestellt und gipfelt in Michelsons Entdeckung der Unabhängigkeit der Lichtgeschwindigkeit vom Bezugssystem. Die Lösung bietet die spezielle Relativitätstheorie: Die Gleichwertigkeit aller mit konstanter Geschwindigkeit gegeneinander bewegten Bezugssysteme bewährt sich zwar, aber die Galileitransformation muß zu deren Beschreibung, da sie nur genähert richtig ist, durch die exaktere Lorentztransformation ersetzt werden. Hierbei wird die Lichtgeschwindigkeit zur oberen Grenze aller beobachtbaren Geschwindigkeiten. Gleichzeitig wird die absolute Stellung der Zeit aufgehoben: Raum und Zeit sind miteinander zu einer Einheit verschmolzen, und Zeitangaben — z. B. über die Gleichzeitigkeit zweier Ereignisse an verschiedenen Orten — hängen vom Bewegungszustand des Beobachters ab. Ein erstes Nebenresultat ist das Auftreten der Äquivalenz von Masse und Energie.

Die *dritte* Stufe wird erklommen, als die Frage entsteht, ob nicht eine allgemeine Relativitätstheorie begrifflich notwendig sei: Kann man eine absolute Rotation definieren? Die Erkenntnis schließt sich an, daß die Scheinkräfte, die in einem beschleunigten Bezugssystem auftreten, z. B. die Zentrifugalkraft und die effektive Gewichtsänderung im anfahrenden Fahrstuhl, begrifflich nicht von Gravitationswirkungen unterscheidbar sind. Ursache hierfür ist die Identität von träger und schwerer Masse, die als ein fundamentaler Satz der Physik erkannt wird. Eine notwendige Folge ist die Abhängigkeit der Geometrie vom Bewegungszustand oder — untrennbar davon — vom Vorhandensein von Schwerefeldern. Die schon von Gauß vermutete Abweichung der Geometrie von der Euklidizität findet in den Einsteinschen Feldgleichungen der allgemeinen Relativitätstheorie einen physikalisch begründeten Ausdruck, und die so gewonnene geometrisierte Theorie findet experimentelle Bestätigung im Auftreten der beschriebenen optischen und anderer astronomischer Erscheinungen, die im Vorstehenden unerwähnt blieben.

## 5. Kapitel

# Das Aufkommen der Atomphysik

In den vorstehenden Kapiteln dieses Buches ist immer wieder hervorgetreten, daß in der Regel empirische Notwendigkeiten, nicht aber philosophische Wünsche in der Physik den Motor zu neuen Theorien bilden. So hatten Fallgesetze und Planetenbewegungen die erste Phase der klassischen Mechanik eingeleitet. So nahm die zweite, die relativistische Phase ihren Ausgang vom Michelsonschen Versuch. So ist nun auch die Quantentheorie aus empirischen Besonderheiten hervorgegangen, die sich im atomaren Bereich zeigten, sobald er experimentell zugänglich wurde. Daher ist es nicht mehr als billig, zunächst einen Blick auf diesen Hintergrund zu werfen, ehe wir zu einer Skizze der Theorie selbst kommen.

In der Geschichte der Physik wurde ein wichtiger Einschnitt spürbar, als vor etwa hundert Jahren nahezu ohne Vorläufer die *Vakuumphysik* entstand und die Laboratorien ziemlich schnell jenes Aussehen gewannen, das sie noch heute besitzen: ein Gewirr von Glaskolben und Glasrohren mit luftdichten Metallverbindungen, von immer stärker werdenden Pumpen evakuiert. Im Jahre 1858 hatte Plücker zuerst die Kathodenstrahlen erzeugt, die von Hittorf 1869 und von Goldstein 1876 genauer untersucht wurden, bis schließlich Perrin 1895 und J. J. Thomson 1897 sie nach Masse und (negativer) Ladung als Korpuskularstrahlen identifizierten und damit die Elektronen als erstes aller Elementarteilchen entdeckten. In die gleiche Epoche gehört 1886 Goldsteins Entdeckung der Kanalstrahlen, die in unserem heutigen Sprachgebrauch aus positiv geladenen Ionen bestehen, womit zum ersten Mal einzelne Atome experimentell zugänglich wurden. Die Massenspektrographen der heutigen Physik, in denen diese Ionen in elektrischen und magnetischen Feldern aus ihrer Bahn abgelenkt werden, so daß mit großer Präzision ihre Masse gemessen werden kann, sind die direkten Abkömmlinge dieser Entdeckung des vorigen Jahrhunderts. Schließlich gehört hierher die Erzeugung und Erklärung der Röntgenstrahlen 1895 und Becquerels erste Beobachtung radioaktiver Erscheinungen 1896.

Woher kommt das plötzliche Interesse für die Vakuumphysik seit den sechziger Jahren? Vor dieser Zeit war das Interesse nie sehr intensiv hierauf gerichtet gewesen, nachdem im siebzehnten Jahrhundert Guericke, Torricelli, Boyle — um nur die berühmtesten Namen zu nennen — die Existenz des Luftdrucks erwiesen und die ersten Barometer konstruiert, die Absurdität der aristotelischen Vorstellung vom horror vacui der Natur gezeigt und in großen Zügen das Verhalten der Gase aufgeklärt hatten. Das Hilfsmittel zur Erzeugung des Vakuums — die Luftpumpe — war vorhanden und von Guericke mit barockem Schaugepräge 1654 dem Reichstag in Regensburg vorgeführt worden. Aber die Physiker machten nur wenig Gebrauch davon. Mit einem Mal rückte nun aber ein kleines Spezialgebiet in den Mittelpunkt des Interesses. Warum?

Die Antwort ist nicht schwer zu finden, wenn man auf die Fragestellungen achtet, die neben Maxwells Theorie die Zeit um 1860 bewegten. Der Gedanke einer atomistischen Struktur der Materie war zwar schon den griechischen Philosophen nicht fremd gewesen und hatte seither immer wieder, teils als Denkmodell benutzt, teils als Denknotwendigkeit angesprochen, durch die Physik gegeistert. Doch lag er zunächst soweit jenseits alles dessen, was der Beobachtung zugänglich war, daß er an deren Rande blieb, ohne sie wesentlich zu beeinflussen. Die Materie, sei sie nun fest, flüssig oder gasförmig, wurde von den Physikern bis gegen die Mitte des neunzehnten Jahrhunderts als Kontinuum behandelt. Eine Menge grundlegender Arbeiten zur Elastizitätstheorie, zur Kristalloptik, zur Hydrodynamik sind zwischen 1820 und 1860 entstanden und bilden noch heute die Grundlage dessen, was wir als Kontinuumsphysik bezeichnen. Dabei blieb es aber stets völlig offen, ob man dazu neigte, aus philosophischen Erwägungen heraus unter dem Begriff des Kontinuums eine tiefere, atomistische Schicht der Materie zu vermuten oder — ebenfalls aus philosophischen Erwägungen — sie abzustreiten.

Die Überzeugung, daß eine solche atomistische Grundstruktur bestehen müsse, hat sich während des genannten Zeitraumes zuerst von der chemischen Erfahrung her entwickelt. Daltons Gesetz der multiplen Proportionen, d. h. der festen Verhältnisse von Verbindungsgewichten in chemischen Verbindungen, deutete um 1800 darauf hin, daß es Atome gibt, die sich zu Molekülen verbinden: Wenn im Wasser auf jedes Gramm Wasserstoff immer genau 8 Gramm Sauerstoff entfallen, so muß dies feste Verhältnis dadurch verstanden werden, daß dies das Gewichtsverhältnis der Atome ist, von denen je zwei in einem Molekül enthalten sind. (Daß die Formel des Wassers $H_2O$ ist und nicht HO, wie man zunächst glaubte, das Gewichtsverhältnis der Atome also 1:16, nicht 1:8, ist dafür unwesentlich.) Lag dieser Gedanke auch nahe, so fehlte doch der Nachweis; wenn die Atome existierten, so waren sie kleiner als alles, womit Naturforscher bis dahin umzugehen gelernt hatten. Gegen die Mitte des Jahrhunderts entwickelten dann die Physiker die kinetische Gastheorie, in der sie die Eigenschaften der Gase auf die thermische Bewegung ihrer Moleküle zurückführten. Hierbei ergab sich eine jener grandiosen begrifflichen Vereinfachungen, wie sie mit tieferen Erkenntnissen einhergehen: Die Gleichsetzung der mittleren Bewegungsenergie der Moleküle mit dem Wärmeinhalt des Gases erlaubte den Einbau der Wärmelehre, die bis dahin ein abgetrenntes und rein phänomenologisch begründetes Teilgebiet gewesen war, in die Mechanik: Wärmelehre ist die Mechanik der ungeordneten Bewegung der Moleküle, die hier nur statistisch erfaßt wird. Hier aber gelang der entscheidende Durchbruch zum Atom, den die Chemie nicht erreicht, wenn auch wahrscheinlich gemacht hatte: Aus physikalischen Erfahrungen konnte Loschmidt 1865 zuerst wenigstens ungefähr die Größe der Atome bestimmen und sie damit zum ersten Mal aus einer Hypothese in eine Realität umwandeln. Kein Wunder, daß sich das Interesse der Physiker seither in solchem Maße den Atomen zuwandte, daß alles andere dagegen zurücktrat: Schon 1869 folgte Hittorfs erste wichtige Arbeit über die Ablenkung der Kathodenstrahlen in Magnetfeldern.

Die Vakuumphysik ist der Beginn der Hinwendung der Physiker zum atomaren Bereich, da im Vakuum das einzelne Atom oder der einzelne atomare Baustein von den Einflüssen der umgebenden Materie isoliert und damit der experimentellen Forschung zugänglich wird. Auf diesen ersten, uns heute so primitiv erscheinenden Experimenten ruht nicht der Glanz, der heute noch von der gleichzeitig entstandenen Maxwellschen Theorie der elektromagnetischen Erscheinungen ausgeht; während aber diese ebenso wie die Relativitätstheorie im Rahmen der überlieferten Kontinuumstheorie bleibt, stellen jene den Anfang der Epoche dar, in der wir heute leben; sie haben das Tor aufgestoßen zur modernen Physik der Atome, der Atomkerne, der Elementarteilchen.

Dies alles freilich lag am Ende des vorigen Jahrhunderts noch im Schoße der Zukunft verborgen. Wie es uns schon im siebzehnten Jahrhundert begegnet ist, so geschahen auch jetzt wieder die ersten Schritte ins Unbekannte mit jener wissenschaftlichen Naivität, die auf unsicherem Fundament mit nachtwandlerischer Sicherheit ihr Gebäude errichtet, das am Ende — wenn sich zeigt, daß die Grundlagen durch andere zu ersetzen sind — doch im großen und ganzen mit einigen begrifflichen Umdeutungen bestehen bleibt. Für den Überblick über die Tatsachen sind diese begrifflichen Umdeutungen nicht sehr wesentlich und oft entbehrlich; für die Erkenntnis freilich, um derentwillen wir Physik treiben oder doch treiben sollten, sind sie die entscheidenden Fortschritte. Im Falle der Atomphysik lag die Naivität in der Anwendung der klassischen Mechanik Newtons und der klassischen Elektrodynamik Maxwells, d.h. in der Hypothese (die zunächst gar nicht als Hypothese erkannt wurde), daß die im makroskopischen Bereich abgeleiteten Gesetze auch im atomaren Bereich gelten sollten. Warum auch sollte man etwas anderes erwarten? War doch die eigentliche Stärke von Newtons Mechanik gerade deren Gültigkeit über das Laboratorium hinaus in die astronomischen Abmessungen hinauf gewesen; warum sollte der Erfolg im Bereich großer Dimensionen nicht ein Gegenstück im Bereich kleinster Dimensionen finden? Auch ließ sich zunächst alles so an, als wäre es in der Tat so. Die Bewegungen einzelner Moleküle, die der kinetischen Gastheorie zugrundeliegen, ergaben eine Bestätigung dafür; die charakteristischen Abweichungen, die sich bei sehr tiefen Temperaturen und bei Erweiterungen der für Gase geschaffenen Theorie auf feste Körper zeigen, wurden erst viel später aufgefunden. Die Ablenkversuche von Kathodenstrahlen in magnetischen und elektrischen Feldern ließen sich ebenfalls völlig klassisch beschreiben. Eine einzelne nicht in das Bild passende Erscheinung, der 1888 von Hallwachs entdeckte Photoeffekt, schien kompliziert und blieb zunächst unbeachtet. Eine andere, die Durchmessung des Spektrums der von glühenden Körpern ausgesandten Wärmestrahlung dagegen begann gegen Ende der neunziger Jahre die Gemüter zu erregen. Sie führte in der Tat in Plancks berühmt gewordener Arbeit vom Jahre 1900 den Durchbruch zur Quantentheorie herbei; allein Plancks ad hoc eingeführte Hypothese der quantenhaften Lichtemission erschien zunächst vielen als skurriles Hirngespinst. Auch als 1905 Einstein in konsequenter Fortführung des Planckschen Ansatzes mit dem Begriff des Lichtquants Ernst machte und in den folgenden Jahren sich dieser Begriff durchzusetzen begann, war der Glaube an die klassische Mechanik im atomaren Bereich keineswegs erschüttert. Erst Bohrs Wasserstoffmodell von 1913 und seine Theorie der Bremsstrahlung von 1914 legten deutlich den Finger auf die Wunde, und darin liegt — retrospektiv — die epochemachende Bedeutung jener ersten Bohrschen Arbeiten — fast noch mehr als in seiner ersten, noch unvollkommenen Erklärung des Atombaus. Aber von der Erkenntnis, wo die fragwürdigen Stellen der klassischen Physik lagen, bis zu ihrer Ersetzung durch die angemessene neue Quantenphysik vergingen nochmals zwölf Jahre, bis um die Jahreswende 1925/26 der Durchbruch zur neuen Quantenmechanik und ihre Abgrenzung gegen die klassische Mechanik gelang; die berühmt gewordenen Arbeiten von Schrödinger in Zürich einerseits, von der Göttinger Gruppe Born, Jordan und Heisenberg andererseits führten ans Ziel.

Um die Notwendigkeit sowohl als die Grundgedanken dieser Quantenmechanik herauszuarbeiten, wollen wir im folgenden nicht nach der mehr durch experimentier-technische Möglichkeiten als durch eine innere Logik gekennzeichneten historischen Reihenfolge vorgehen. Deshalb sei die Schilderung dieser, an Fruchtbarkeit nur mit dem siebzehnten Jahrhundert vergleichbaren Epoche mit einer relativ spät, 1924, gemachten Entdeckung begonnen, nämlich dem Wellencharakter der Materie.

Im 3. Kapitel hatten wir die Frage, ob das Licht eine Wellenerscheinung sei oder aus Korpuskeln bestehe, von Newton und Huygens bis ins 19. Jahrhundert verfolgt. Die Entscheidung zugunsten der Wellenvorstellung wurde herbeigeführt durch das Studium der Erscheinungen von Interferenz und Beugung. Noch bei der Entdeckung der Röntgenstrahlen wurde das gleiche Kriterium angewandt; der einzige Unterschied lag darin, daß die Wellenlängen der Röntgenstrahlen rund 1000mal kürzer sind als die des sichtbaren Lichtes und daß deshalb ein Beugungsgitter für Röntgenstrahlen auch einer 1000mal engeren Teilung bedarf als ein optisches Beugungsgitter. Das hat zur Folge, daß solche Gitter nicht gut künstlich hergestellt werden können; da uns aber die Natur in den Kristallen mit ihrem regelmäßigen Aufbau solche Gitter zur Verfügung stellt, lassen sich die entsprechenden Versuche ausführen. Hieraus sind in den letzten 50 Jahren zwei ganze Wissenszweige hervorgegangen, nämlich entweder mit bekannten Kristallen Wellenlängen von Röntgenstrahlen auszumessen oder umgekehrt mit Röntgenstrahlen bekannter Wellenlänge die Struktur von Kristallen zu untersuchen.

Seit Hittorfs ersten Versuchen kennen wir nun auch Korpuskularstrahlen, etwa die aus Elektronen bestehenden Kathodenstrahlen. In vorgegebenen magnetischen ($H$) und elektrischen ($E$) Feldern werden sie abgelenkt, und zwar ist die Ablenkung durch die Größe

$$\frac{e}{m\,v}\,H, \quad \text{bzw.} \quad \frac{e}{m\,v^2}\,E$$

gegeben, wobei $e$ die elektrische Ladung, $m$ die Masse und $v$ die Geschwindigkeit der Teilchen bedeutet. Durch Kombinieren der beiden Messungen lassen sich daher $e/m$ und die Größe der Geschwindigkeit $v$ bestimmen. Eben hieraus wurde zuerst gefunden, daß die Ladung $e$ der Elektronen negativ ist; hierbei auch zeigte sich, daß — bei gleichgroßer Ladung — ihre Masse mehrere 1000mal kleiner als die der in den positiven Kanalstrahlen auftretenden Ionen ist. Die Elementarladung kennt man aus Millikans Öltröpfchenversuchen, so daß wir Ladung und Masse unabhängig angeben können. Dies Bild wird durch andere experimentelle Erfahrungen vielfach unterstützt. Alles zusammengenommen legt den korpuskularen Charakter dieser Strahlen fest: Kann man doch die Masse des einzelnen Teilchens angeben. Auch scheint elektrische Ladung notwendig mit Teilchen verbunden zu sein; Ladung ohne Materie ist nicht gut vorstellbar, da Ladung eine Eigenschaft der Materie ist, und die Fortpflanzung einer „Erregung" irgendwelcher Art scheint grundverschieden von einem elektrischen Strom.

Und doch! Läßt man einen Elektronenstrahl auf einen Kristall auffallen, in der gleichen Weise wie einen Röntgenstrahl, so erhält man die gleichen Interferenz- und Beugungserscheinungen. Man muß also auf Wellencharakter des Elektronenstrahls schließen, dessen Wellenlänge $\lambda$ man auf diese Weise messen kann. So findet man ein einfaches Gesetz, die zuerst von de Broglie vermutete Relation

$$\lambda = \frac{h}{m\,v}\,,$$

in der $h$ eine universelle Konstante, das Plancksche Wirkungsquantum ist, ein Gesetz also, das damit als experimentelle Aussage feststeht.

An dieser Stelle enthüllt sich also ein merkwürdiger Dualismus von zwei Erscheinungsformen, die einander gegenseitig auszuschließen scheinen, der Korpuskel, deren Ort in jedem Augenblick scharf definiert ist und auf die solche Begriffe wie Masse, Ladung und Geschwindigkeit zugeschnitten sind, und der Welle, die gleichzeitig in weiten Raumgebieten eine Schwingung erzeugt, die mit Begriffen wie Wellenlänge und Frequenz beschrieben werden kann. Unser Experiment und die daraus abgeleitete de Broglie-Beziehung verbinden die beiden Bilder miteinander. Wie ist das möglich?

Vergessen wir einen Augenblick die historische Reihenfolge der Entdeckungen. Was würde wohl unsere Idee gewesen sein, wenn Hittorf die Kathodenstrahlen nicht im magnetischen Feld abgelenkt, sondern sie auf einen Kristall hätte fallen lassen? Zweifellos wären die Kathodenstrahlen als Wellenerscheinung klassisch beschrieben worden, zweifellos hätte man begonnen, sie als eine andere Art von Ätherwellen oder Erregungszuständen des leeren Raumes neben die elektromagnetischen Wellen zu setzen, und hätte dann später aus den Ablenkungsexperimenten, die ihre Masse und Ladung enthüllten, mit dem gleichen Staunen geschlossen, daß diesen Wellen auch eine korpuskulare Seite eignet.

Diese Überlegung ist aufschlußreich, da sie unser Urteil von historischen Entwicklungen frei macht. Gerade so ist es nämlich beim Licht gegangen. Bis etwa zum Jahre 1800 hin kannte man nur Eigenschaften des Lichtes, die sich mit Wellen ebenso wie mit Korpuskeln verstehen ließen. Die Untersuchung der Beugung, der Interferenz und in diesem Fall auch noch der Polarisation zu Beginn des 19. Jahrhunderts entschieden dann eindeutig zugunsten des Wellenbildes, das in Maxwells Theorie eine grandiose Bestätigung fand. Jedoch die Jahre von 1888 bis 1923 brachten eine ganze Serie von Erscheinungen zutage, die wiederum ebenso eindeutig nur mit dem Bestehen von Lichtkorpuskeln erklärt werden konnte, den Photoeffekt, die Erzeugung von Röntgenstrahlen durch Elektronenbremsung, das Spektrum der Wärmestrahlung, schließlich den Comptoneffekt. In all diesen Fällen war die Energie $E$ der Lichtkorpuskeln mit den Wellengrößen verknüpft wie

$$E = h\,\nu \quad \text{oder} \quad \lambda = \frac{h\,c}{E}.$$

Schreibt man dem Lichtquant im Sinne der Relativitätstheorie noch eine Masse $m$ gemäß $E = mc^2$ zu, so kann man auch $\lambda = h/mc$ schreiben in enger Analogie zu der obigen de Broglie-Relation der Elektronen.

Aus der Fülle dieser Erscheinungen sei der von Compton 1923 entdeckte und nach ihm benannte Effekt als das vielleicht übersichtlichste Beispiel herausgegriffen und etwas genauer beschrieben. Ein Röntgenstrahl muß als elektromagnetische Schwingung mit den Elektronen einer Materieschicht, durch die er hindurchtritt, eine Wechselwirkung haben. Klassisch kann man das etwa so beschreiben, daß der elektrische Feldvektor der Welle das Elektron anzupft und periodisch im Gleichtakt zum Mitschwingen bringt. Die Frequenz dieses Mitschwingens ist also die gleiche wie die des primären Röntgenlichtes. Nun strahlt aber eine schwingende Ladung nach allen Seiten im gleichen Takt, also mit der gleichen Frequenz, eine elektromagnetische Welle ab. Das geschieht im großen von der Antenne eines Rundfunksenders, und hier im kleinen von dem schwingenden Elektron. Diese sich nach allen Seiten ausbreitende Welle ergibt also zusätzlich zu dem primären, eng gebündelten Röntgenstrahl ein sekundäres Streulicht gleicher Frequenz. Dabei ist ein Energieaufwand für die erzwungene Schwingung des Elektrons erforderlich: Es fließt fortwährend Energie aus dem primären Strahl in die Bewegung der Elektronen und aus diesen wiederum in die Sekundärstrahlung; daher muß die Intensität des Primärstrahls beim Durchgang durch die Materieschicht abnehmen, so daß er mit kleinerer Intensität, d.h. mit verminderter Feldstärke, wohl aber mit unveränderter Frequenz auf der anderen Seite diese wieder verläßt.

Ganz anders müssen wir den Vorgang beschreiben, wenn wir die Quantentheorie des Lichtes ernst nehmen: Ein Lichtquant der Energie $h\nu$ stößt auf ein ruhendes Elektron. Die Stoßgesetze der klassischen Mechanik können auf diese beiden Teilchen angewandt werden, so wie sie Huygens im 17. Jahrhundert abgeleitet hatte: Impuls und Energie bleiben erhalten. Das Elektron wird fortgestoßen mit einer Bewegungsenergie $\frac{1}{2}mv^2$; diese Energie wird dem stoßenden Lichtquant entzogen; die Energie des gestreuten Lichtquants nach dem Stoß ist also nur mehr

$$h\nu' = h\nu - \tfrac{1}{2}mv^2.$$

Die Frequenz des Streulichts ist also kleiner, seine Wellenlänge $\lambda'$ also größer als die des Primärlichts; eine quantitative Erfassung auch des Impulses zeigt, daß die Wellenlängenänderung um so bedeutender wird, je größer der Streuwinkel $\vartheta$ ist:

$$\lambda' = \lambda + \frac{2h}{mc}\sin^2\frac{\vartheta}{2}.$$

Das Experiment muß im Prinzip auch mit sichtbarem Licht ausführbar sein, doch wird dann erstens der Effekt unmeßbar klein, weil die Größe $h/mc$ dann sehr klein gegen $\lambda$ ist, und zweitens muß unsere stark vereinfachte Theorie dann zu einer wesentlich komplizierteren ergänzt werden, weil die Bindung der Elektronen an die Atome dann nicht mehr vernachlässigt werden kann.

Das zuerst 1923 von Compton beobachtete Auftreten des Streulichts veränderter Frequenz ist also ein schlagender Beweis für den korpuskularen Charakter des Lichtes.

Die experimentellen Ergebnisse konfrontieren uns also mit der folgenden Situation: Das Licht ist einerseits ein periodisch in Raum und Zeit veränderliches elektromagnetisches Kraftfeld;

andererseits besteht es aus Korpuskeln, die mit der Geschwindigkeit $c$ und der Energie $h\nu$ dahinfliegen. Ein Strahl von Elektronen besteht aus geladenen Korpuskeln, eben den Elektronen, deren Ladung, Masse und Geschwindigkeit wir messen können; andererseits ist er ein in Raum und Zeit periodischer Wellenvorgang. Dasselbe läßt sich an einem Strahl von Neutronen verifizieren, wobei es sich um ungeladene Teilchen handelt, die wie die Röntgenstrahlen auch durch einen dicken Kristall hindurchgehen und ähnliche kristallographische Anwendungen der Strukturuntersuchung erlauben wie diese. Dieselben Objekte haben also gleichzeitig Teilchencharakter und Wellencharakter, und es hängt ganz von dem jeweils angestellten Versuch ab, welche Seite ihres Wesens sich offenbart.

## 6. Kapitel

# Quantenmechanik

Die Auflösung dieses inneren Widerspruches knüpft an eine Präzisierung des Problems durch Heisenberg an, der — ähnlich wie Einstein eine Generation vor ihm — die Situation durch ein Gedankenexperiment geklärt hat.

Um dies zu verstehen, knüpfen wir an die bis in die Zeit Newtons zurückreichenden Erfahrungen der *Beugung von Licht* beim Durchgang durch einen schmalen Spalt an. Ähnlich wie bei den auf Seite 27 beschriebenen Erfahrungen der Beugung an einer Kante wird auch hier Licht aus der ursprünglichen Strahlrichtung zum Schatten hin abgebeugt, und zwar gilt für die auftretenden Beugungswinkel $\alpha$ größenordnungsmäßig

$$\sin \alpha = \frac{\lambda}{d}, \tag{1}$$

wenn wir mit $\lambda$ die Wellenlänge und mit $d$ die Spaltbreite bezeichnen (Abb. 15). Diese Beugungserscheinung ist ein typisches Wel-

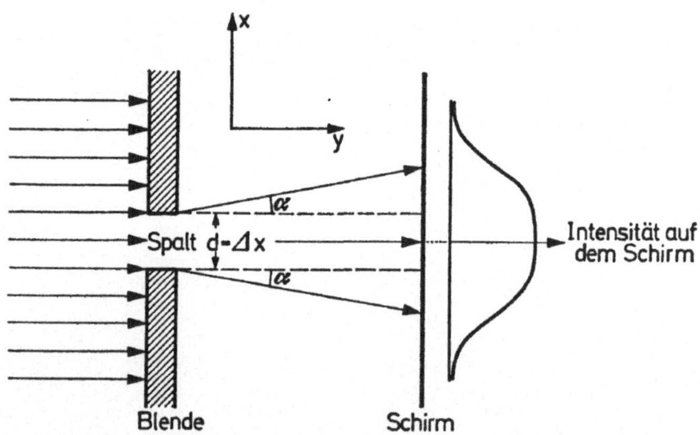


Abb. 15. Beugung an einem Spalt. Die Figur gilt in der gleichen Weise für Lichtwellen wie für Materiewellen

lenphänomen und gehört zu den klassischen Beweisen der Wellennatur des Lichtes. Ist die Spaltbreite $d$ groß gegen die Wellenlänge $\lambda$ (und letztere beträgt für sichtbares Licht ja weniger als ein Tausendstel Millimeter), so wird der Winkel $\alpha$ sehr klein, so daß wir von der Erscheinung im täglichen Leben meist nichts bemerken und praktisch einen scharf definierten Lichtstrahl beobachten, wie er durch die gestrichelten Linien in Abb. 15 angedeutet ist.

Fällt nun das Licht in breiter Front von links her senkrecht auf die Blende auf, so können wir auch sagen, daß wir mit Hilfe des Spalts eine Ortsmessung vornehmen: Das Licht, welches den Spalt passiert hat, ist hinsichtlich seines Ortes in der $x$-Richtung auf ein Intervall $\Delta x$ gleich der Spaltbreite $d$ lokalisiert worden. Interpretieren wir den Lichtstrahl nun korpuskular aus Lichtquanten der Energie $h\nu$ bestehend, wie es uns der auf Seite 72 besprochene Comptoneffekt lehrte, so haben alle Lichtquanten links vom Spalt einheitlich die Geschwindigkeit $c$ in der Richtung $y$, rechts vom Spalt gewinnt aber ein um den Winkel $\alpha$ abgelenktes Lichtquant eine Geschwindigkeitskomponente

$$c_x = c \sin \alpha$$

in der $x$-Richtung hinzu. Da innerhalb der durch Gl. (1) beschriebenen Größenordnung alle Winkel $\alpha$ von Null aufwärts[27] in der Beugungserscheinung auftreten, haben wir also eine *Unschärfe* der Geschwindigkeiten in $x$-Richtung von der Größenordnung

$$\Delta c_x = c\,\frac{\lambda}{d}$$

oder, wegen $d = \Delta x$:

$$\Delta x \cdot \Delta c_x = c\,\lambda. \tag{2}$$

Mit anderen Worten: Eine möglichst scharfe Bestimmung des Ortes (d.h. möglichst kleines $\Delta x$), ist notwendig mit einer um so größeren Umschärfe der Geschwindigkeit in derselben Rich-

---

[27] Läßt man den Strahl *schräg* auf die Blende auffallen, so ist vor der Blende nicht mehr $c_x = 0$. Die Unschärfe ist die gleiche, nur liegt der Bereich $\Delta c_x$ bzw. $\Delta p_x$ nicht mehr um den Wert Null herum.

tung ($\Delta c_x$) verknüpft. Die beiden Unschärfen sind reziprok zueinander; es ist unmöglich, beide Größen gleichzeitig völlig scharf zu machen.

Es wird sich als zweckmäßig erweisen, anstelle der Geschwindigkeit den allgemeinen Begriff des Impulses $p = mv$ einzuführen, also das Produkt aus Masse $m$ und Geschwindigkeit $v$ der betrachteten Korpuskel. Für Lichtquanten haben wir bereits auf Seite 61 die Masse $m = h\nu/c^2$ gefunden; mit $v = c$ wird dann $p = h\nu/c$, eine Formel, die übrigens auch durch die genauere quantitative Diskussion des Comptoneffekts bestätigt wird. Dann entspricht der Geschwindigkeitsunschärfe $\Delta c_x$ eine Impulsunschärfe

$$\Delta p_x = m\,\Delta c_x = \frac{h\nu}{c^2}\,\Delta c_x,$$

so daß wir Gl. (2) auch schreiben können

$$\Delta x \cdot \Delta p_x = mc\lambda = \frac{h\nu}{c^2}\cdot c\lambda.$$

Nun stehen aber Wellenlänge $\lambda$ und Frequenz $\nu$ zueinander in der reziproken Beziehung $\nu = c/\lambda$, so daß sich unsere Formel vereinfacht zu

$$\Delta x \cdot \Delta p_x = h. \tag{3}$$

Diese Beziehung heißt die *Heisenbergsche Unschärferelation*. In ihr steht auf der rechten Seite nur noch die universelle Konstante $h$, und in dieser Form gilt sie nicht nur für das Licht.

Lassen wir nämlich wie in Abb. 15 in breiter Front einen Strom irgendwelcher Korpuskeln wie Elektronen, Neutronen und dergleichen mit der einheitlichen Geschwindigkeit $v$ auf eine Blende auftreffen, so können wir ganz analoge Betrachtungen anstellen. Wir wissen bereits, daß dieser Teilchenstrom auch als Welle beschrieben werden kann, deren Wellenlänge $\lambda$ mit dem Impuls $p = mv$ eines Teilchens gemäß der auf Seite 70 erläuterten Relation von de Broglie,

$$\lambda = \frac{h}{p}, \tag{4}$$

verknüpft ist. Auch hier treten die durch Gl. (1) beschriebenen, allein durch die Wellenstruktur bedingten Beugungserscheinungen auf, die eine Impulsunschärfe in $x$-Richtung von

$$\Delta p_x = p \sin \alpha = p \, \frac{\lambda}{\Delta x}$$

zur Folge hatten. Ersetzen wir hier $p\lambda$ auf der rechten Seite entsprechend Gl. (4) durch $h$, so entsteht wiederum die Heisenbergsche Unschärferelation (3).

Wir erhalten also eine allgemein gültige Beziehung zwischen Ortsunschärfe und Impulsunschärfe. Sie enthält zwar nichts, was über die zuvor genannten experimentellen Erfahrungen hinausginge, hebt aber doch sehr deutlich hervor, inwiefern diese mit den Aussagen der klassischen Mechanik nicht vereinbar sind. Es ist unmöglich, durch ein Experiment *gleichzeitig* Ort und Impuls eines Teilchens exakt festzulegen: Je enger man den Spalt macht, d.h. je genauer man seinen Ort bestimmt, um so stärker wird die Beugung und damit die Unschärfe des Impulses in der gleichen Richtung (je kleiner $\Delta x$ desto größer $\Delta p_x$), und will man umgekehrt die Beugung gering und damit den Impuls scharf machen, so muß man den Spalt immer weiter öffnen und damit auf die Lokalisierung verzichten (je kleiner $\Delta p_x$ desto größer $\Delta x$).

Nun besagt aber die klassische Mechanik (und zwar sowohl in der Newtonschen als in der Einsteinschen Form): Wenn man von einem Teilchen zu einem Zeitpunkt sowohl seinen Ort als auch seinen Impuls *exakt* kennt, so kann man seine Bahn und deren zeitliche Durchlaufung exakt ausrechnen, d.h. für jeden späteren Zeitpunkt ebenfalls den dann erreichten Ort und Impuls exakt angeben. Das Heisenbergsche Gedankenexperiment macht klar, daß die Prämisse nicht realisierbar ist; damit entfallen aber auch alle Folgen, d.h. vor allem: Wenn sich grundsätzlich die Bahn eines Teilchens nicht scharf angeben läßt, dann sollte der Bahnbegriff in der Physik nach Möglichkeit vermieden werden, es sei denn, man wolle aus heuristischen Gründen für einen Augenblick die Sauberkeit der Begriffsbildung einer wirklichen oder vermeintlichen Anschaulichkeit zum Opfer bringen.

Dies hat keine praktischen Konsequenzen für die makroskopische Physik, da dort wegen der Kleinheit von $h$ beide Unschärfen gleichzeitig vernachlässigbar klein werden können. Prinzipiell besteht auch dort die gleiche Unschärfe wie in der Atomphysik, wenn sie auch nur in dieser entscheidenden Einfluß erlangt.

Was aber soll nun an die Stelle des Bahnbegriffes treten? Innerhalb gewisser Grenzen können offenbar beliebige Bahnen vorkommen (in unserem Gedankenversuch alle, die mit Winkeln $\alpha$ der angegebenen Größenordnung vereinbar sind). Wir können daher nur noch mit einer gewissen Wahrscheinlichkeit Aussagen darüber machen, ob ein Teilchen nach Ablauf einer gewissen Zeitspanne diesen oder jenen Ort erreicht. Das allein ist es also, was bleibt: Diese *Wahrscheinlichkeit*, die Born 1927 eingeführt hat, verbleibt als eine exakt angebbare Größe. Im Grundzustand eines Wasserstoffatoms, das aus einem Atomkern und einem daran gebundenen Elektron besteht, fällt z. B. die Wahrscheinlichkeit, das Elektron anzutreffen, vom Atomkern aus nach allen Seiten gleichmäßig nach einem bestimmten Gesetz ab; es ist daher sehr unwahrscheinlich, das Elektron in sehr großer Entfernung vom Kern zu finden. Der Abstand aber, in dem man es mit der größten Wahrscheinlichkeit bei vielen Wiederholungen der Beobachtung finden würde, ergibt sich gerade gleich dem Abstand, in dem das Elektron nach der klassischen Mechanik auf einer Kreisbahn um den Kern umlaufen würde.

Der Zusammenhang von Wellenbild und Teilchenbild wird ebenfalls über den Wahrscheinlichkeitsbegriff hergestellt. Fällt etwa ein Neutronenstrahl auf einen Kristall auf und beobachtet man auf einem Schirm hinter dem Kristall eine Intensitätsverteilung der Neutronen, wie das in Abb. 16 angedeutet ist, so läßt sich diese aus der Wellentheorie als Interferenzfigur berechnen, indem man die *Wellengleichung* — in diesem Fall die Schrödingersche Differentialgleichung — löst. Das ist ein mathematisch nicht ganz einfaches, aber schon aus der klassischen Optik im Prinzip wohlbekanntes Problem, das keine wesentlich neuen physikalischen Fragen mit sich bringt und uns daher als rein rechentechnisches Detail nicht zu kümmern braucht. Die so berechnete Interferenzfigur wird dann interpretiert als Aussage über die Wahrscheinlichkeit, an den verschiedenen Stellen Neutronen anzutreffen. Wartet man, bis eine Million Neutronen den Schirm erreicht hat, so wird die Intensität an jeder Stelle, d. h. die Anzahl der dort hingelangten Neutronen, proportional zu deren Aufenthaltswahrscheinlichkeit dort. Die Intensität der Welle, welche den Strom und die Verteilung der Neutronen beschreibt, wird mit der Wahrscheinlichkeit, an der betreffenden Stelle ein Neutron anzutreffen, identifiziert. Beobachtet man sehr viel weniger Teil-

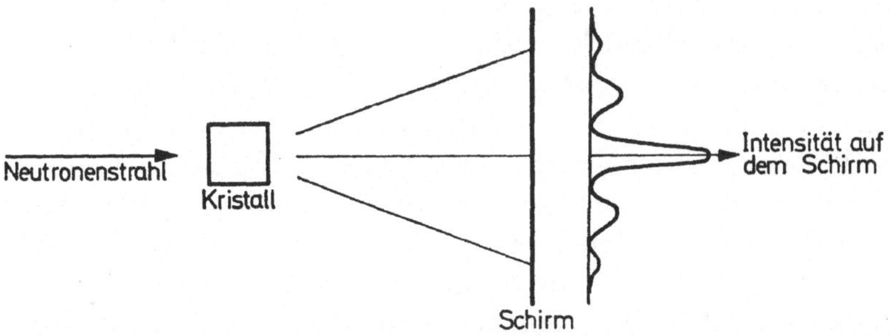



Abb. 16. Schema der Interferenzerscheinungen, die sich beim Durchgang eines Strahls von atomaren Teilchen durch einen Kristall ergeben. Sie dienen dem Nachweis des Wellencharakters der Materie. Um die Erscheinung deutlich beobachten zu können, muß die Energie der Teilchen so gewählt werden, daß die de Broglie-Wellenlänge von gleicher Größenordnung wie die Gitterkonstante des Kristalls, d.h. der Abstand von Nachbaratomen ist. Bei Neutronen von etwa 0,08 eV Energie ist das gut erfüllt, für Elektronen etwa bei 150 eV (Wellenlänge jeweils $10^{-8}$ cm). Die Figur wurde für Neutronen gezeichnet, da diese den Kristall leicht durchdringen. Geladene Teilchen müssen in Reflexion beobachtet werden, wobei sich analoge Interferenzbilder ergeben. Die Erscheinungen wurden schon 1912 in ganz ähnlicher Weise an Röntgenstrahlen entdeckt, bei denen sie zum Nachweis des Wellencharakters dienten

chen, so läßt sich die Intensitätsverteilung weniger vollständig festlegen, und die Unsicherheit wird um so größer, je weniger Teilchen man benutzt; aber selbst, wenn nur ein einziges Neutron den Kristall passiert hat, läßt sich mit Sicherheit vorhersagen, daß es nicht an eine jener Stellen gelangen wird, wo die Intensität der Welle, also die Aufenthaltswahrscheinlichkeit, Null ist.

Die hier skizzierte Behandlung des Welle-Korpuskel-Dualismus bringt eine Komplikation in das Begriffsschema der Theorie, die zunächst nicht schlimm ist, später aber doch störend empfunden wird. Sie sei deshalb hier erläutert. In unserem Beispiel handelt es sich um einen Strom von Teilchen, deren Wechselwirkung untereinander so klein gemacht werden kann, daß man jedes Teilchen für sich allein beschreiben kann. Dies ist aber nicht notwendig der Fall. Wird die Dichte im Teilchenstrom sehr groß, was in einem Elektronenstrahl durchaus vorkommen kann, so beeinflussen sich die Teilchen gegenseitig in meßbarer Weise. Schlimmer noch: Die Elektronen eines einzigen Atoms oder Moleküls sind auf so engem Raum konzentriert, daß sie nicht mehr getrennt behandelt werden dürfen, und die Wechselwirkung, die sie untereinander haben, sogar größer sein kann als die jedes einzelnen mit dem zentralen Atomkern oder mit dem Kerngerüst des Moleküls. Unser Wahrscheinlichkeitsbegriff erfährt dann automatisch eine Erweiterung: Wir können nicht mehr wie vorhin sagen, wie wahrscheinlich es ist, „das“ Teilchen an einem Ort mit den Koordinaten $x, y, z$ anzutreffen, sondern wir müssen angeben, wie wahrscheinlich es in einem bestimmten atomaren Zustand ist, ein Elektron am Ort $x_1, y_1, z_1$, ein anderes gleichzeitig am Ort $x_2, y_2, z_2$, ein drittes gleichzeitig bei $x_3, y_3, z_3$ usw. anzutreffen. Hierzu müssen wir aber nicht mehr eine Wellengleichung in drei Koordinaten $x, y, z$ im Raum unserer dreidimensionalen Anschauung lösen, sondern statt dessen eine Wellengleichung im sogenannten *Konfigurationsraum*, d.h. bei $N$ Teilchen in dem $3N$-dimensionalen Raum der Koordinaten

$$x_1, y_1, z_1, x_2, y_2, z_2, \ldots, x_N, y_N, z_N.$$

Damit geht ein gutes Stück Anschaulichkeit verloren, da wir aus der klassischen Physik, etwa aus der Optik, nur an das Umgehen mit dreidimensionalen Wellengleichungen gewöhnt sind. Das wäre nicht weiter schlimm; und daß ein Problem mit mehreren Teilchen wesentlich größeren mathematischen Aufwand erfordert als eines mit nur einem Teilchen, ist nicht mehr als recht und billig. Auch wissen wir, daß diese Form der Verallgemeinerung der Quantenmechanik vom Einkörperproblem auf das Mehrkörperproblem vollkommen korrekt ist. War das Wasserstoffatom mit seinem einen Elektron in Schrödingers grundlegender Arbeit das Testobjekt für die Quantenmechanik mit *einem* Teilchen gewesen, so war Heisenbergs bald darauf gelungene Berechnung des Heliumatoms mit *zwei* Elektronen — und ihre etwas später erfolgte saubere Durchführung durch Hylleraas — das Testobjekt für die Quantenmechanik in dem sechsdimensionalen

Konfigurationsraum zweier Teilchen gewesen. In den inzwischen vergangenen mehr als 40 Jahren hat es an weiteren Prüfsteinen nicht gefehlt.

Es bleibt ein Bedenken, das eine andere Wurzel hat: Die Zahl der Teilchen legt die Dimensionenzahl des Raumes fest; wird ein Teilchen hinzugefügt oder weggenommen, so entsteht sofort ein Problem in einem anderen Raum. Das ist im Grunde natürlich auch in der klassischen Mechanik nicht anders. Aber eben dieser Zug, der aus der klassischen Mechanik übernommen wurde, brachte im atomaren Bereich Schwierigkeiten, als hier zum ersten Mal Probleme auftauchten, bei denen Teilchen erzeugt oder vernichtet werden. Zur Beschreibung solcher Vorgänge reicht unsere bisher geschilderte formale Behandlung der Quantenmechanik offenbar noch nicht aus. Diese ist in dem bisher abgesteckten Rahmen der konstant bleibenden Teilchenzahl zwar richtig; der Rahmen erweist sich aber als zu eng. Dies Problem begann aber erst in den dreißiger Jahren allmählich aktuell zu werden, und wir können es für den Augenblick noch zurückstellen, um zunächst in einer kurzen Übersichtsskizze den Aufbau der Materie soweit zu schildern, wie er in dem bisher gesteckten Rahmen verstanden werden kann.

## 7. Kapitel

# Moleküle, Atome, Kerne

Für einen solchen Überblick läßt sich das Material nach einem Prinzip ordnen, das sich für die moderne Physik gut bewährt hat, nämlich nach steigenden Energien. Dabei werden wir von *Anregungsenergien* eines Gebildes sprechen, wenn das Gebilde beisammenbleibt, aber doch aus seinem energetisch tiefsten Zustand heraus zu inneren Bewegungen angeregt wird. Ferner werden wir bei einem Molekül von seiner *Dissoziationsenergie* sprechen, wenn wir den Energieaufwand meinen, der zu seiner Zerlegung in Atome notwendig ist, und bei Atomen von *Ionisierungsenergie*, wenn es sich um den Energieaufwand zur Ablösung eines Elektrons handelt. Zur Angabe solcher charakteristischer Energien bedienen wir uns der in der Physik üblichen Energieeinheit, des *Elektronenvolts* (eV), die ihren Namen daher hat, daß es die Energie ist, welche ein Elektron erhält, wenn es eine elektrische Spannung von 1 Volt durchläuft. Für das folgende sei noch angemerkt, daß man für 1000 eV auch 1 keV (Kilovolt) und für eine Million eV kurz 1 MeV (Megavolt) schreibt.

Wir wollen mit den *Dissoziationsenergien* beginnen. Für die drei Moleküle $J_2$ (Jod), $H_2$ (Wasserstoff) und HJ (Jodwasserstoff) sind in den folgenden drei Reaktionsgleichungen die Energien angegeben, die zu ihrer Zerlegung in jeweils zwei Atome aufgewandt werden müssen:

$$(1) \qquad J_2 + 1{,}56\,eV = J + J$$

$$(2) \qquad H_2 + 4{,}74\,eV = H + H$$

$$(3) \qquad HJ + 3{,}21\,eV = H + J.$$

Diese Dissoziationsenergien liegen also in der Größenordnung einiger eV. Meist liegen die Energieumsetzungen der Chemie noch etwas niedriger, da bei ihnen im allgemeinen nicht wie hier Moleküle in Atome zerlegt, sondern die Atome nur zu anderen

Molekülen umgelagert werden. Man sieht das sofort an unserem Beispiel, wenn wir die chemische Reaktion

$$J_2 + H_2 \rightarrow 2\,HJ$$

betrachten, indem wir die drei obigen Gleichungen kombinieren: Aus

$$(1) + (2) - 2 \times (3)$$

erhalten wir

$$\{J_2 + H_2 + 6{,}30\;eV\} - \{2\,HJ + 6{,}42\;eV\}$$
$$= \{2\,J + 2\,H\} - \{2\,H + 2\,J\}$$

oder

$$J_2 + H_2 - 0{,}12\;eV = 2\,HJ.$$

Meist kommen wir in der Chemie zu Zahlen von einigen Zehntel eV.

Ehe das Molekül dissoziiert, können die Atome zu mehr oder weniger intensiven Schwingungen gegeneinander angeregt werden. Für das Molekül HJ ist in Abb. 17 diese Schwingungsenergie angegeben; die Energiestufen liegen jeweils knapp 0,3 eV auseinander, d.h. es gibt rund zehn Anregungszustände, die einer Dissoziation vorhergehen. Außerdem sind in der rechten Hälfte der Abbildung in größerem Maßstab für das gleiche Molekül die Stufen der Rotationsanregung angegeben, die sich den größeren Stufen der Schwingungsenergien überlagern; sie liegen bei viel kleineren Energien, aber nicht äquidistant. Beide zusammen bilden den Gegenstand der Infrarotspektroskopie und der Mikrowellenspektroskopie, die deshalb wichtige physikalische Hilfsmittel des Chemikers sind.

Die Quantenmechanik ermöglicht nicht nur die Erklärung und Berechnung solcher Energiestufen und der Übergangswahrscheinlichkeiten zwischen ihnen. Ihre größte Leistung auf dem Gebiet der Chemie war vielmehr die vollständige Erklärung der chemischen Bindung.

Bis dahin war es zwar möglich gewesen, nachdem man die Zusammensetzung der Atome aus Kern und Elektronen und deren Schalenaufbau erkannt hatte, die chemischen Wertigkeiten einigermaßen zu verstehen. So konnte man z.B. den Aufbau des

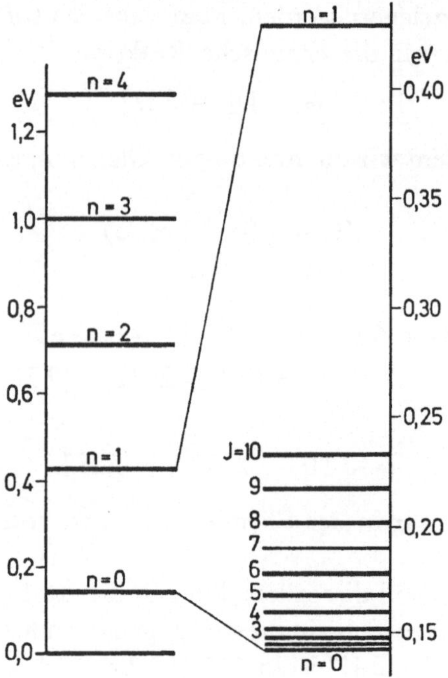


Abb. 17. Die Energieniveaus des HJ-Moleküls (Jodwasserstoff). Die beiden Atome (H und J) können gegeneinander schwingen mit einer Energie aus der Reihe

$$E_{\text{schwing.}} = 0{,}286 \text{ eV} \cdot (n + \tfrac{1}{2}),$$

wobei die Schwingungsquantenzahl $n = 0, 1, 2, 3, \ldots$ sein kann. $n = 0$ ist der Grundzustand; auch in diesem findet noch eine „Nullpunktsschwingung" statt. Das Molekül kann gleichzeitig rotieren; auch die Rotationsenergie ist gequantelt gemäß

$$E_{\text{rot}} = 0{,}00082 \text{ eV} \cdot J(J + 1),$$

wobei die Rotationsquantenzahl $J = 0, 1, 2, 3, \ldots$ sein kann. Beide Bewegungen überlagern sich, wobei die Rotationsenergie den Schwingungsniveaus eine Art von Feinstruktur verleiht, wie dies für den tiefsten Schwingungszustand $n = 0$ in der rechten Hälfte der Figur in größerem Maßstab dargestellt ist

HJ-Moleküls dadurch erklären, daß das Elektron des Wasserstoffs in eine Lücke der äußersten Elektronenschale des Jodatoms (mit 53 Elektronen) hineinschlüpft, so daß eine abgeschlossene Schale großer Stabilität, eine sogenannte Edelgaskonfiguration, entsteht. (Das folgende Element, Xenon, mit 54 Elektronen ist ein Edelgas.) Eine solche Molekülbildung, bei der durch den Übergang eines (oder mehrerer) Elektronen vom einen zum anderen Atom eine entgegengesetzte elektrische Aufladung der beiden Atome erfolgt, die eine elektrostatische Anziehungskraft zur Folge hat, bezeichnet man als heteropolare Bindung. (In unserem Beispiel entstehen ein $H^+$-Ion und ein $J^-$-Ion.)

Dagegen war die homöopolare Bindung, wie sie etwa zwischen zwei H-Atomen im $H_2$-Molekül eintritt, vollkommen unverstanden geblieben ohne die Begriffsbildungen der Quantenmechanik. Mit ihrer Hilfe konnten Heitler und London 1927 zeigen, daß der Begriff der Austauschentartung energetische Konsequenzen nach sich zieht, die der klassischen Physik fremd sind und welche die Bindung ermöglichen. Die homöopolare Bindung spielt nicht nur in einfachen anorganischen Molekülen wie $H_2$, $N_2$, $O_2$, $CO_2$ eine Rolle, sondern da sie auch die C—H-Bindung beherrscht, tritt sie in großem Umfang in der organischen Chemie auf, die daher auch am meisten von der im Anschluß an die Arbeit von Heitler und London entstandenen theoretischen Quantenchemie profitiert hat. Ihr größter Erfolg war dort Hückels Erklärung des Kekuléschen Benzolringes, der schon im vorigen Jahrhundert erkannt, in das normale Valenzstrichschema der klassischen Chemie nicht hineinpaßt.

Vom allgemeinen Erkenntnisstandpunkt aus halten wir fest, daß nach der Quantenmechanik die chemischen Erscheinungen keiner besonderen Kräfte bedürfen, sondern im Rahmen der elektrostatischen Wechselwirkung der Elektronen vollständig beschreibbar sind. Auch dies gehört zu den großen Vereinfachungen, die phänomenologisch getrennte Gebiete zu einer Einheit werden lassen. Wir können ruhig sagen, daß die Chemie damit endgültig zu einem Teilgebiet der Physik geworden ist, was natürlich nicht heißen soll, daß die von den Chemikern entwickelten und ihren besonderen Fragestellungen angepaßten Methoden und Modellvorstellungen dadurch entwertet worden wären. Im Prinzip kann man mit Hilfe der Quantenmechanik zweifellos auch das komplizierteste Molekül und die komplizierteste chemische Reaktion durchrechnen, ohne ein einziges Reagenzglas in die Hand zu nehmen; wollte man das freilich durchführen, so wäre der Rechenaufwand so groß und so weit jenseits auch der Kapazität moderner Computer, daß auch das teuerste chemische Laboratorium auf empirischem Wege sehr viel schneller und billiger zum Ziel gelangen würde. Die praktische Undurchführbarkeit dieses Programms schmälert aber natürlich nicht den Erkenntniswert dieser Zusammenhänge.

Dies mag genügen über die Moleküle; betrachten wir nun die *Atome* unter dem Gesichtspunkt der Bindungsenergien der Elektronen. Wir denken das HJ-Molekül in ein H-Atom und ein J-Atom zerlegt und wollen beide ganz kurz getrennt betrachten.

Die Energiestufen des H-Atoms, das mit nur einem Elektron das einfachste Atom ist, zeigt heute jedes Lehrbuch; in Abb. 18

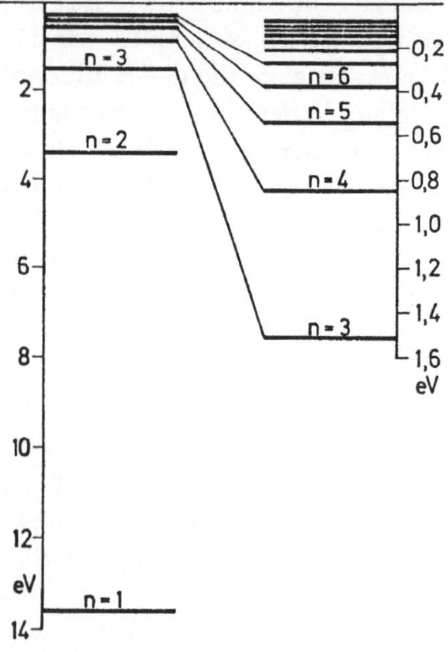


Abb. 18. Energiestufen eines Wasserstoffatoms. Im Grundzustand ($n = 1$) beträgt die Bindungsenergie 13,6 eV, d.h. es müssen dem Atom 13,6 eV an Energie zugeführt werden, um es in Proton und Elektron zu trennen. Man sagt daher, der Grundzustand liege bei der negativen Energie —13,6 eV. Die höheren (angeregten) Zustände des Atoms folgen der Energieformel

$$E_n = - \frac{13,6\ \text{eV}}{n^2}$$

mit $n = 2, 3, \ldots$. Die Niveaus häufen sich im oberen Teil der Figur gegen $E = 0$ hin; ein Teil davon ist deshalb in der rechten Hälfte nochmals in größerem Maßstab herausgezeichnet

sind sie dargestellt. Die Ionisierungsspannung ist 13,6 eV und die niedrigste Anregungsstufe (von dem Zustand $n = 1$ nach dem Zustand $n = 2$) beträgt 10,2 eV. Hier kommt es uns nur auf die Größenordnung an; auch in komplizierten Atomen mit vielen Elektronen liegt die Ablöseenergie für das lockerste Elektron in der gleichen Größenordnung; sie beträgt bei den Alkaliatomen einige eV und steigt bei den stabilen Edelgasen bis zu etwa 25 eV an. Dies gilt aber nur für die äußersten, lockersten Elektronen; die Röntgenspektroskopie, die tiefer in den Aufbau der Elektronenhülle eingreift, lehrt, daß die innersten Elektronen sehr viel fester gebunden sind. Abb. 19 zeigt am Beispiel des Jodatoms,

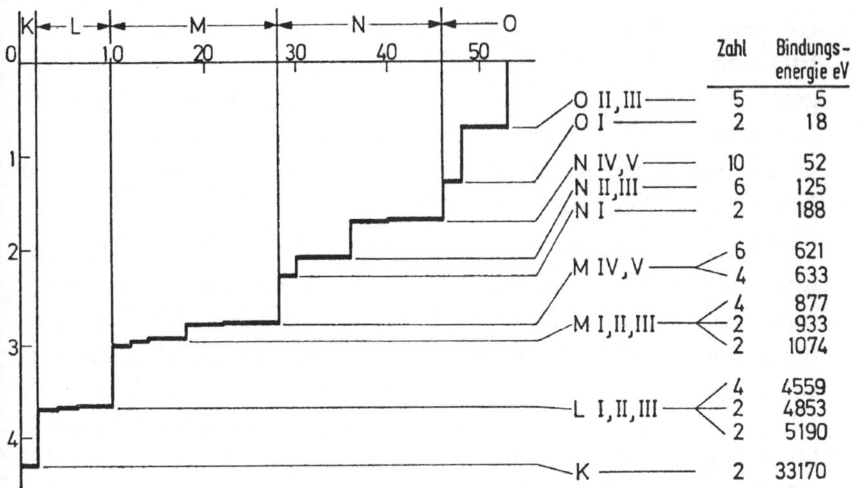


Abb. 19. Elektronenanordnung im Jodatom. Die Elektronen sind in „Schalen" sehr verschiedener Bindungsenergie angeordnet. Die innerste Schale ($K$) enthält nur zwei Elektronen mit Bindungsenergien von 33170 eV; es folgen die $L$, $M$, $N$ und $O$-Schale, wobei in der äußersten ($O$) nur noch Bindungsenergien von 18 eV und 5 eV auftreten. Die Schalen, die Zahl der in ihnen gebundenen Elektronen und die zugehörigen Bindungsenergien sind am rechten Rande der Figur angegeben, aufgeteilt nach „Untergruppen" innerhalb der Schalen. Die Energien sind in der linken Hälfte der Figur in einer logarithmischen Energieskala gegen die Anzahl der Elektronen aufgezeichnet. Bei 2 Elektronen ist die $K$-Schale, bei insgesamt 10 auch die $L$-Schale aufgefüllt usw. Insgesamt enthält das Jodatom 53 Elektronen

das 53 Elektronen besitzt, die Bindungsenergien für die verschiedenen Schalen, die von rund 5 eV bei den äußersten Elektronen bis zu 33 200 eV bei den beiden innersten ansteigt. Bei den schwersten Atomen — dem Uran mit 92 Elektronen und den künstlichen Transuranen — wächst diese Zahl bis auf etwa 100 000 eV an.

Die Erscheinungen in der Elektronenhülle eines Atoms umspannen also einen Energiebereich von rund vier bis fünf Zehnerpotenzen. Man kann leicht daran ermessen, wie verschiedenartig die Fragestellungen und die experimentellen Methoden sind. Die äußersten, locker gebundenen Elektronen interessieren besonders vom Standpunkt der chemischen Bindung oder des Aufbaus fester Körper; hierfür bildet die Gesamtheit von Kern und inneren Elektronen einen nahezu starren, unveränderlichen Rumpf. Umgekehrt lassen sich die inneren Elektronen mit Hilfe der Röntgenphysik genauer studieren und werden nur wenig davon beeinflußt, ob das Atom isoliert im Vakuum oder gebunden in einem festen Körper oder Molekül vorliegt.

Die hier in großen Zügen umrissene Physik der Elektronenhülle, die in ihren Umrissen bereits im ersten Viertel dieses Jahrhunderts entstand, wurde seit der Entstehung der Quantenmechanik 1925/26 zu einer quantitativ bis in Einzelheiten verständlichen Wissenschaft und fand in den folgenden Jahren bis 1930 im großen und ganzen ihren Abschluß, wenn auch natürlich bis zum heutigen Tage angesichts ihrer außerordentlichen Vielfalt ständig neue und interessante Spezialfragen auftauchen und neue Meß- und Rechenmethoden entwickelt werden.

Um 1930 herum setzt dann jedoch etwas Neues ein: Die Physik des *Atomkerns*. Nachdem um die Jahrhundertwende die Entdeckung der natürlichen Radioaktivität die ersten Selbstzeugnisse der Atomkerne über deren Struktur erbracht hatte, setzte um 1920 herum vor allem in Rutherfords Schule in Cambridge das eigentliche Experimentieren im Gegensatz zum bloßen Beobachten ein, d.h. es begann die künstlich hervorgerufene Veränderung von Atomkernen, damals mit dem reichlich dramatischen Namen „Atomzertrümmerung" belegt. Um Eingriffe in das Kerngefüge vorzunehmen, war es notwendig, durch Beschießen mit schweren Teilchen an die Kerne heranzukommen. Dafür standen damals ausschließlich die Alphateilchen von natürlich radioaktiven Substanzen (Heliumkerne) zur Verfügung. Da diese Geschoßteilchen ebenso wie die beschossenen Kerne positive elektrische Ladungen tragen, mußten die Geschosse eine große Bewegungsenergie mitbringen, um gegen die elektrostatische Abstoßung bis zu den Kernen zu gelangen. Die erforderliche Energie betrug schon für das Beschießen der leichtesten Kerne 5 bis 10 MeV (= Millionen eV), und da die natürlichen radioaktiven Strahlen nicht über 10 MeV hinausgehen, blieb die experimentelle Kernphysik bis zum Anfang der dreißiger Jahre auf die leichtesten Kerne beschränkt, bei denen diese Abstoßung am schwächsten ist.

Zwei entscheidende Schritte haben dann in den Jahren 1931/32 den Zugang zu den Kernen in breiter Front eröffnet, eine technische Erfindung und eine experimentelle Entdeckung.

Die *technische Erfindung* bestand in der Entwicklung der ersten Geräte, die wir heute zusammenfassend mit dem Namen *Teilchenbeschleuniger* belegen, von Geräten also, mit denen es gelang, geladene Teilchen in elektrischen und magnetischen Feldern zu hohen Energien zu beschleunigen. Durch eine größere Mannigfaltigkeit in der Auswahl solcher Teilchen, durch höhere Energien und durch größere Teilchenströme lassen sich mit ihnen die Möglichkeiten der von der Natur zur Verfügung gestellten natürlichen Alphateilchen weit übertreffen. Das Zyklotron, 1931 von Lawrence in Berkeley zuerst konstruiert, ist wohl der spektakulärste Erfolg in dieser Hinsicht gewesen, zugleich übrigens einer der ersten entscheidenden Beiträge Amerikas zur modernen Physik.

Die *experimentelle Entdeckung*, die Chadwick 1932 in Cambridge gelang, war die des *Neutrons* als Kernbaustein; die Verwendung von Neutronen — auch von solchen sehr kleiner Bewegungsenergie — als Geschossen erlaubte es, auch an die schwersten Kerne heranzukommen, da sie durch keine elektrische Abstoßung gehindert wurden. Fermi und seine Mitarbeiter (damals in Rom) nutzten drei Jahre später diese Möglichkeit zuerst in großem Maßstabe aus.

In den fünf Jahren von 1932 bis 1937 konnten dann in großen Zügen der Bau der Atomkerne geklärt und die Vorstellungen entwickelt werden, deren detaillierte Ausgestaltung die Kernphysiker heute noch beschäftigt. Auch auf dies Gebiet wollen wir jetzt einen Blick werfen.

Die Atomkerne bestehen aus zwei Arten von Elementarteilchen nahezu gleicher Masse, den positiv geladenen Protonen und den ungeladenen Neutronen, die wir zusammenfassend mit einem Wort als die *Nukleonen* bezeichnen. Die Energie, die erforderlich ist, um ein Nukleon aus einem Kern abzulösen, schwankt zwischen 4 und 12 MeV. Die mittlere Bindungsenergie eines Nukleons im Kern liegt ziemlich unabhängig von der Größe des Kerns zwischen 8 und 9 MeV. Dies ist ein ganz anderes Verhalten als das der Hüllelektronen mit ihrer Spanne von vier Zehnerpotenzen in der Bindungsenergie, sei es der verschiedenen Elektronen eines und desselben Atoms, sei es der am festesten gebundenen Elektronen verschiedener Atome. Wenn man einen großen Atomkern, etwa vom Uran, halbiert, zerfällt er wieder in zwei Kerne; dies ist ja bekanntlich gerade der Vorgang, der in der Atombombe oder im Reaktor ausgenutzt wird. Die mittlere Bindung pro Nukleon verfestigt sich dabei von 8 auf 9 MeV; bei 200 Nukleonen bedeutet das aber bereits, daß eine Kernspaltung 200 MeV an Energie freisetzt, was in der Tat eine gewaltige Zahl im Vergleich zu den wenigen Zehntel eV chemischer Explosivstoffe ist. Diese geringe Veränderung der Kernstruktur, selbst bei diesem tiefsten bisher gelungenen Eingriff ins Innere der Kerne, erlaubt den Vergleich des Atomkerns mit einem *Flüssigkeitstropfen*, den man ja auch in zwei kleinere Tropfen zerlegen kann, ohne daß die Flüssigkeit dabei ihren Charakter verliert: So wie Wasser dabei Wasser bleibt, so, können wir sagen, bleibt Kernmaterie dabei Kernmaterie. Einen ähnlichen Begriff in der Elektronenhülle einzuführen wäre ganz unmöglich angesichts der Energieunterschiede und angesichts der Tatsache, daß die Hülle ihre Existenzmöglichkeit aus dem Vorhandensein eines ausgezeichneten Zentrums — des Atomkerns — nimmt.

Ähnlich wie in einer Flüssigkeit erklärt sich diese Struktur des Kerns aus der kurzen Reichweite der Kräfte zwischen den Nukleonen, die ein jedes Nukleon nur mit seinen Nachbarn verknüpfen und daher die Umgebung jedes Nukleons im Kern (abgesehen von Oberflächeneffekten) ungefähr gleich machen. Dies ist ganz anders als in der Elektronenhülle, deren ordnende Kräfte allein die langreichweitigen elektrostatischen Anziehungs- und Abstoßungskräfte zwischen den Ladungen sind, die keine räumliche Isolierung eines herausgeschnittenen Teiles erlauben.

Auf das Studium dieser Kernkräfte konzentrierte sich bis in die fünfziger Jahre hinein die Kernphysik. Ihre Bedeutung reicht aber weit über ihren strukturbestimmenden Einfluß auf die Atomkerne hinaus. Mit ihrer Entdeckung zu Beginn der dreißiger Jahre hat ein hundertjähriger Prozeß ständiger Vereinfachung in der Physik begonnen, sich wieder umzukehren. War die Physik zunächst aus der unabhängigen Beschreibung einer Fülle der verschiedenartigsten Phänomene entstanden, so begann man im vorigen Jahrhundert an immer mehr Stellen deren innere Verflochtenheit zu sehen. Elektrizität und Magnetismus wurden auf eine gemeinsame Wurzel reduziert und die Optik hier eingebaut. Von der Zurückführung der Wärmeerscheinungen auf die ungeordnete Molekularbewegung ist in diesem Buch auch schon die Rede gewesen. Der letzte große Triumph dieses Reduktionsprozesses war die Einbeziehung der chemischen Bindungskräfte mit Hilfe der Quantenmechanik. So blieben am Ende, um 1930, nur noch die elektromagnetischen Kraftfelder und das Gravitationsfeld als einzige Kräfte im Universum bestehen. Kein Wunder, daß vielen Theoretikern als großes Ziel auch deren Vereinigung über eine Erweiterung der allgemeinen Relativitätstheorie vor Augen stand. Nun aber, von 1932 an, zeigten die Atomkerne ein neues Phänomen, das in die bekannten Krafttypen nicht einzuordnen war. Aus diesem Ansatzpunkt heraus ist eine Entwicklung erwachsen, die weit über die Kernphysik hinausgeht und eine zentrale Rolle in der heutigen Physik der Elementarteilchen spielt.

Mit diesen Bemerkungen sind wir jedoch schon beträchtlich vorgeeilt. Dem großen Wurf einer theoretischen Durchdringung geht notwendig die detaillierte experimentelle Untersuchung voraus. Wie nun für die Auffindung des Gravitationsgesetzes die Möglichkeit isolierter Betrachtung des Systems Sonne-Erde oder Erde-Mond, also eines *Zweikörperproblems* zum Ziele geführt hat, wie später das elektrostatische Wechselwirkungsgesetz von Coulomb an zwei isolierten, möglichst punktförmigen Ladungen herauspräpariert werden konnte, wie endlich bei bekannten atomaren Kräften das Wasserstoffatom, also das Zweikörpersystem Proton-Elektron, den Schlüssel zur Quantenmechanik enthielt, so war nun auch bei den Kernkräften zu erwarten, daß die isolierte Wechselwirkung von nur zwei Nukleonen den besten Aufschluß geben würde.

Dieser Weg erwies sich jedoch als etwas enttäuschend. Den Grund dafür kann man im Prinzip an einem Vergleich des Systems Proton-Elektron (also des Wasserstoffatoms) mit dem System Proton-Neutron (dem Deuteron) ungefähr erkennen. Das Proton-Elektron-System weist eine Folge unendlich vieler stabiler gebundener Zustände auf (Abb. 18), von denen schon zu der Zeit, als dies System noch aktuelle Physik war, etwa 35 experimentell bekannt waren. Dagegen besitzt das Proton-Neutron-System nur ein einziges Niveau, aus dem man die Wechselwirkung zwischen den beiden Teilchen mit ziemlicher Willkür konstruieren kann. Gewiß lassen sich eine ganze Reihe anderer experimenteller Erfahrungen hinzufügen, um diese Willkür einzuengen, etwa über die Streuung von Neutronen an protonenhaltigen Substanzen, über den Spin, über das magnetische Dipolmoment und das elektrische Quadrupolmoment des Deuterons, über die Wechselwirkung bei hohen Energien u. a., aber es hat sich gezeigt, daß fast jedes dieser Phänomene eine weitere Komplikation des Kraftgesetzes hervorgerufen hat, so daß dieser phänomenologische Weg zur Bestimmung der Kernkräfte zwar zu einer recht genauen Kenntnis vieler Einzelheiten, aber nicht zu einem klaren und eindeutigen Abschluß geführt hat, wie ihn die so einfachen $1/r^2$-Gesetze von Newton und Coulomb seit fast 200 Jahren für Gravitation und Elektrostatik bilden.

Schon 1935 hat deshalb Yukawa versucht, das Problem von einer anderen Seite aus anzugreifen, nämlich von der Seite der Feldtheorie. Er hat versucht, in Analogie zu Maxwells Theorie des elektromagnetischen Feldes eine Theorie des nuklearen Feldes aufzubauen. Auch dieser zunächst hoffnungsvolle Weg hat nicht den gewünschten Erfolg gehabt. Die Gründe hierfür führen nun aber so tief in die modernste Schicht der Physik, in die Problematik der Elementarteilchen hinein, daß es besser sein dürfte, zunächst die Wurzeln dieses Komplexes getrennt zu skizzieren und erst danach wieder in etwas anderem Rahmen auf das Problem des nuklearen Kraftfeldes zurückzukommen.

# 8. Kapitel

# Erzeugung und Vernichtung von Materie

Im Jahre 1933 führten Irène Curie und F. Joliot in Paris den folgenden Versuch aus: Sie ließen die Gammastrahlung eines radioaktiven Präparates von ThC'' durch die Gasfüllung einer Wilsonschen Nebelkammer hindurchgehen. Diese Gammastrahlung besteht aus sehr energiereichen Lichtquanten, deren jedes eine Energie von $h\nu = 2{,}62$ MeV besitzt. Das ist ein Vielfaches der Ruhenergie $m_0 c^2 = 0{,}51$ MeV eines Elektrons. Eine Wilsonsche Nebelkammer ist ein Gerät, in dem hindurchlaufende geladene Teilchen längs ihrer Bahn eine Nebelspur hinterlassen, wodurch ihre Bahn sichtbar gemacht und aus der Dichte der Nebeltröpfchen ihre Bewegungsenergie bestimmt werden kann. (Zur Messung der letzteren gibt es heute genauere Methoden, so daß die Nebelkammer ein wenig aus der Mode gekommen ist.) Da die Gammastrahlung keine Ladung trägt, hinterläßt sie eigentlich keine Spur; da sie gelegentlich Elektronen anstößt (Comptoneffekt), kann man an deren Spuren aber doch auch den Weg des Gammastrahls rekonstruieren. Die Beobachtung von Curie und Joliot (Abb. 20) bestand nun darin, daß gelegentlich ein solches Gammaquant plötzlich verschwand und an seiner Stelle ein Elektronenpaar entstand. Legt man ein Magnetfeld an die Kammer an, so erscheinen die Spuren je nach dem Vorzeichen der Ladung im einen oder anderen Sinne gekrümmt; daraus konnten sie feststellen, daß das Paar aus einem gewöhnlichen negativen Elektron und einem neuartigen positiven Elektron (Positron) bestand. Daß es sich um zwei Teilchen von Elektronenmasse handelt, folgt sehr genau aus einer Untersuchung der Energiebilanz: Zieht man von $h\nu = 2{,}62$ MeV die Ruhenergie $2 m_0 c^2 = 1{,}02$ MeV ab, so bleibt für die Bewegungsenergie beider Teilchen zusammen $1{,}60$ MeV übrig, was auch in der Tat gefunden wurde.

Das so erzeugte Positron war gleichzeitig das erste künstlich erzeugte Elementarteilchen überhaupt, das beobachtet worden ist.

Daß es in der Natur normalerweise nicht vorkommt, hat eine sehr einfache Ursache; es ist instabil und verschwindet alsbald wieder, indem es sich mit einem der in aller Materie im Überfluß vorhandenen negativen Elektronen wieder vereinigt. Diese Materievernichtung ist ungefähr, aber nicht genau der Umkehrprozeß zur Paarbildung; der Unterschied besteht darin, daß dabei Elektron und Positron nicht zu einem einzigen, sondern zu zwei kleineren

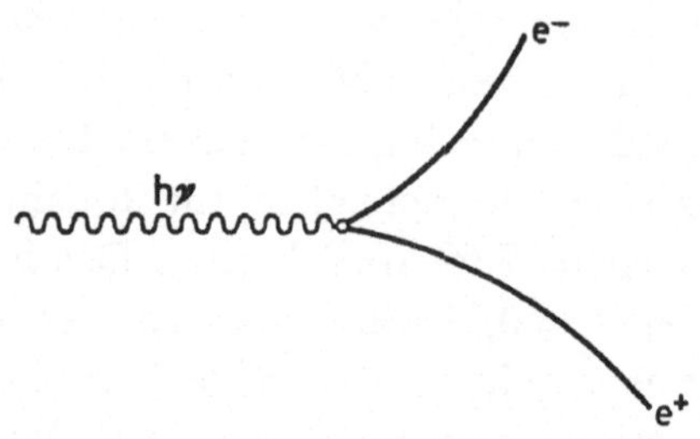


Abb. 20. Entstehung eines Elektronenpaars aus einem Lichtquant. Das Lichtquant rührt von der radioaktiven $\gamma$-Strahlung von Th C'' her; seine Energie ist $h\nu = 2{,}62$ MeV. Elektron und Positron haben die gleiche Ruhenergie von je $m_0 c^2 = 0{,}51$ MeV. Für die Summe ihrer kinetischen Energien bleibt der Betrag $h\nu - 2m_0 c^2 = 1{,}60$ MeV übrig. Diese werden gemessen aus der Krümmung ihrer Bahnspuren in einem senkrecht zur Zeichenebene angelegten Magnetfeld. Die Spuren sind nach entgegengesetzten Seiten gekrümmt, weil die beiden Teilchen entgegengesetzte Ladungsvorzeichen haben

Gammaquanten zerstrahlen. Dieser Prozeß geht so vor sich, daß ein Elektron das Positron zunächst einfängt, so daß die beiden zusammen ein dem Wasserstoffatom sehr ähnliches System bilden, das man als *Positronium* bezeichnet und das nach einiger Zeit unter Emission von zwei Lichtquanten dematerialisiert wird.

Diese Erscheinungen der Erzeugung und Vernichtung materieller Teilchen haben eine außerordentliche Bedeutung für die Erkenntnisphilosophie. Die klassische Physik hat seit Newton begonnen, zwei grundverschiedene Objekte in *Kraft und Stoff* begrifflich scharf voneinander zu trennen; vielleicht ist diese Trennung überhaupt die bedeutendste philosophische Leistung der Physik des 17. Jahrhunderts gewesen. Am Begriff der Masse, dem eigentlichen Kennzeichen der Materie, wird besonders deutlich, wie schwer diese saubere Trennung damals erkämpft worden ist.

In Keplers Himmelsmechanik „kämpft" die „antreibende Kraft" der Sonne mit der „Trägheitskraft" (vis inertiae) des Planeten, und selbst bei Newton ist in der Wahl seiner Worte noch das Durcheinander erkennbar, wenn er die Masse zunächst noch unter dem Namen einer Kraft als „vis inertiae" oder als „vis resistendi" einführt, sie dann freilich in Gegensatz zur „vis impressa" als der Kraft im modernen Sinne setzt und weiterhin deutlich macht, daß sie zum Unterschied von einer Kraft keine Richtung hat. Die scharfe Trennung von Kraft und Materie ist im 19. Jahrhundert mit dem Faraday-Maxwellschen Begriff des Kraftfeldes noch deutlicher geworden. Kraftfelder, die sich über oftmals weite Raumgebiete ausdehnen, wirken auf die Bewegung von lokalisierten Massen, also von Materie ein, und selbst der Einfluß materieller Gebilde aufeinander bedarf der Vermittlung eines zwischen ihnen bestehenden Kraftfeldes.

An dieser begrifflichen Trennung hätten schon nach der Entdeckung des ersten Elementarteilchens, des Elektrons, um die Jahrhundertwende Bedenken aufkommen können. Es ist ja nicht so, daß Teilchen der Elektronenmasse mit und ohne Ladung aufträten, so daß man dem Teilchen eine gesonderte Existenz von dem es umgebenden elektrischen Kraftfeld zuschreiben könnte; vielmehr treten beide nur in wohlbestimmter Verknüpfung miteinander auf. Die Natur verknüpft also hier — und sie tut es bei allen Elementarteilchen — bestimmte Massen, d.h. bestimmte Materieteilchen, grundsätzlich mit bestimmten Kraftfeldern zu einer untrennbaren Einheit, deren begriffliche Aufspaltung in Materie und Kraftfeld zum mindesten künstlich ist.

Noch ehe aber diese philosophische Konsequenz klar wurde, entstand die Quantentheorie des Lichtes, die zum ersten Mal den Welle-Korpuskel-Dualismus andeutete. War das Licht bis dahin nur ein elektromagnetisches Kraftfeld, so enthüllte es jetzt auf einmal quasimaterielle Züge in der Existenz von Lichtquanten. Mehr noch als das: Die Vorstellungen über Lichtemission und Lichtabsorption, die Planck 1900 und Einstein 1905 entwickelten, bauten auf der Erzeugung und Vernichtung je eines Lichtquants auf: Ein Elektron in einem Atom z.B. führt einen „Quantensprung" von einem Zustand höherer Energie $E_1$ in einen Zustand niederer Energie $E_2$ aus, und die dabei frei werdende

Energiedifferenz wird zur Erzeugung eines Lichtquants der Energie $h\nu = E_1 - E_2$ verwendet. Umgekehrt wird bei Absorption ein Elektron um die Energiedifferenz $h\nu$ angehoben auf Kosten eines dabei vernichteten Lichtquants. Daß die philosophische Konsequenz nicht sofort erkannt wurde, lag an der Hartnäckigkeit, mit der sich alte Begriffe halten und neue Entdeckungen zunächst in das Prokrustesbett alter Begriffe eingefügt werden: Die Lichtquanten wurden einfach nicht als echte Teilchen angesehen. Als Planck sie in die Physik einführte, erschien ihm die quantenhafte Emission und Absorption eher als Eigenschaft der Materie (von der man ja damals noch wenig wußte), welche nur in bestimmten Portionen Energie auf das Lichtfeld übertrug; dies Feld aber erschien ihm noch vollkommen durch Maxwells Theorie beschreibbar.

Deshalb war die Curie-Joliotsche Entdeckung der Paarerzeugung in dem überkommenen klassischen Begriffsschema viel

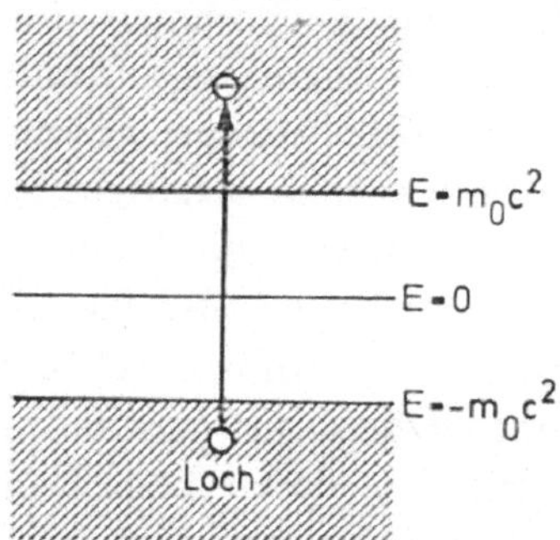


Abb. 21. Die möglichen Energiezustände nach der Relativitätstheorie. Der Bereich positiver Energien $E = m_0 c^2 + E_{\mathrm{kin}}$ (oberer schraffierter Bereich) ist von dem der negativen Energien

$$E = -m_0 c^2 - E_{\mathrm{kin}}$$

(unterer schraffierter Bereich) durch einen „Graben" der Breite $2 m_0 c^2$ getrennt. Die negativen Zustände sind nach der Diracschen Theorie sämtlich besetzt. Die Entstehung eines Elektronenpaars wird als Photoeffekt an einem Elektron negativer Energie erklärt: Das Elektron absorbiert ein Lichtquant einer Energie $h\nu$, die ausreicht, um es über den Graben hinwegzuheben; das Ergebnis ist ein normales Elektron positiver Energie und ein „Loch in der Unterwelt", das die gleichen Eigenschaften zeigt wie ein Positron positiver Energie spektakulärer: Niemand zweifelte am Materie-Charakter geladener Teilchen; entstanden diese plötzlich an einer Stelle, an der vorher keine Materie existiert hatte, so war Strahlung, also Energieinhalt eines Kraftfeldes, in Materie umgewandelt worden. Kraft und Materie ließen sich dann in der Tat nicht mehr voneinander trennen.

Dennoch gab es damals eine wenige Jahre vorher von Dirac entwickelte Theorie, die unter Aufrechterhaltung dieser begrifflichen Trennung sogar eine Vorhersage des Curie-Joliot-Versuches gestattet hatte und weitgehend auch seine quantitative Auswertung zuließ. Das war die *Diracsche Löchertheorie*, die in höchst genialer Weise speziell darauf aufbaute, daß Elektron und Positron Teilchen gleicher Masse sind, also in einem besonderen Verhältnis zueinander stehen. Wir drücken das heute so aus, daß das Positron das „Antiteilchen" des Elektrons ist. In Diracs Löchertheorie wird nun unterstellt, daß freie Teilchen nicht nur in Zuständen positiver Energie $E = m_0 c^2 + E_{\mathrm{kin}}$, sondern auch negativer Energie $E = -m_0 c^2 - E_{\mathrm{kin}}$ auftreten.

Die Relativitätstheorie zwingt zu dieser Annahme[28], und da die positiven Energien oberhalb $+ m_0 c^2$ von den negativen unterhalb $- m_0 c^2$ durch einen breiten „Graben" getrennt sind (Abb. 21), genügte zunächst die ergänzende Annahme, die Welt sei am Anfang so erschaffen worden, daß sich alle Materie auf der positiven Seite befand, damit dies für alle Zeiten so bleibt. In der Quantentheorie wurde das anders, weil ja hier Quantensprünge auftreten, d.h. Übergänge eines Systems zwischen zwei Zuständen verschiedener Energie, auch wenn alle dazwischenliegenden Energieniveaus verboten sind. So war es in der relativistischen Quantenmechanik, die Dirac entwickelt hatte, möglich, daß Teilchen von positiver zu negativer Energie übergingen. Während dieser relativistische Ausbau der Quantenmechanik z.B. bei einem Wasserstoffatom auch Details korrekt wiedergab, die man als seine Feinstruktur bezeichnet und die als

---

[28] Der Grund liegt in der Wurzel, die in der Energieformel von Seite 49 auftritt. Wurzeln haben grundsätzlich doppeltes Vorzeichen; daher ist

$$E = \pm\, m\, c^2 \quad \text{mit} \quad m = \frac{m_0}{\sqrt{1 - \beta^2}}\,.$$

feine Aufspaltung der in Abb. 18 dargestellten Energieniveaus an seinen Spektrallinien beobachtet wird, ergab sich auf der anderen Seite, daß schon nach etwa $10^{-9}$ sec das Elektron in die „Unterwelt" negativer Energie stürzen sollte. Mit anderen Worten: Im Gegensatz zur klassischen Physik wäre längst die gesamte Materie der Welt in diesen negativen Bereich und in diesem ins Bodenlose abgestürzt.

Dirac hatte diese Fehlleistung aus seiner sonst so wunderbar korrekten Theorie durch ein sehr einfaches Hilfsmittel eliminiert: Er nahm an, daß alle negativen Energieniveaus dieser Welt bereits mit Elektronen besetzt sind. Diese Annahme war in der Tat die Rettung, weil Elektronen dem sogenannten Pauliprinzip genügen, das nicht gestattet, daß sich mehr als ein Elektron gleichzeitig in einem Energieniveau aufhält. Sind in diesem Sinne alle negativen Niveaus besetzt, von jeher besetzt gewesen, so kann auch ein Elektron nicht den Quantensprung in die Tiefe ausführen, und die Welt der Teilchen positiver Energie bleibt stabil, wie wir sie kennen.

Dies Hilfsmittel ist nun allerdings ebenso grobschlächtig wie es genial ist: Die Zahl der Energieniveaus ist unendlich groß; wir müssen daher, um alle Niveaus zu besetzen, an jedem Ort ständig die Anwesenheit einer unendlich großen Dichte von unbeobachtbaren Teilchen negativer Energie annehmen. Und dies gilt nicht nur für die Elektronen, sondern auch für die Nukleonen. Auch im Vakuum wäre danach gleichzeitig mit der Leere von Elektronen und Nukleonen positiver Energie eine unendlich dichte Packung von Elektronen und Nukleonen negativer Energie vorhanden, von der wir dennoch nichts wahrnehmen! Man fühlt sich an Lichtenbergs Kritik am Äther (Seite 28) erinnert: „die Hexe, die uns die Gespenster in die Welt gebracht hat".

Um den Einfluß dieser Unterwelt loszuwerden, ist die ergänzende Hypothese notwendig, daß die beobachtbaren Erscheinungen lediglich die Veränderungen in dieser Welt sind, so daß man in einem, auch begrifflich recht fragwürdigen „Subtraktionsformalismus" überall den Beitrag der Unterwelt abziehen muß.

Trotz solcher gravierenden Bedenken erwies sich Diracs Löchertheorie zunächst als sehr brauchbar. Die Paarerzeugung, die

Curie und Joliot beobachtet hatten, war ein sehr reales „Gespenst", das die „Hexe" wirklich in die Welt brachte. Hier wurde ein Lichtquant (Gammaquant) eingestrahlt, dessen Energie $h\nu$ größer als die Breite des Energiegrabens ($2\,m_0c^2$) war. Ein Elektron aus der Unterwelt konnte damit über den Graben emporgehoben werden. Anstelle des absorbierten Gammaquants waren also ein normales Elektron positiver Energie und ein Loch in der Unterwelt entstanden. Ein zu wenig an negativer Energie ist aber desselbe wie ein zu viel an positiver, und da in der Unterwelt am Ort des Lochs eine negative Ladung fehlt, ist das dasselbe, als ob sich dort jetzt eine positive befände. Das Loch zeigt daher die Eigenschaften eines Positrons von positiver Energie, so daß sich in der Tat genau die Entstehung eines Elektron-Positron-Paares ergibt. Nur wird diese Entstehung von Materie aus elektromagnetischer Feldenergie (des Gammaquants) nicht als Entstehung aufgefaßt, vielmehr wird nur etwas Materie aus einem ebenso unerschöpflichen wie unbeobachtbaren Vorrat sichtbar gemacht!

Diese Theorie ergab quantitativ korrekte Resultate, woraus allein schon hervorgeht, daß sie rechentechnische Züge enthält, die von Bestand sein müssen, und die Härten, die die Existenz einer solchen „Unterwelt" mit sich bringt, erscheinen bei näherer Untersuchung nicht so absurd, wie dies bei flüchtiger Skizzierung wohl aussehen mag.

Dennoch hat auch dieser Versuch nicht standgehalten. Schon 1934, ein Jahr nach der Entdeckung der Paarbildung, hat Fermis Erklärung des radioaktiven *Betazerfalls* darüber hinaus geführt. Diese Erscheinung sei zunächst erläutert, ehe wir die begriffliche Konsequenz betrachten, die endgültig die Trennung von Kraft und Stoff unmöglich macht und die Bahn zur modernen Elementarteilchenphysik frei gibt.

Radioaktive Atomkerne zerfallen in der Regel durch Emission eines Elektrons oder Positrons; die mittlere Lebensdauer solcher Kerne bis zu ihrem Zerfall reicht von hundertstel Sekunden bis zu Millionen Jahren. Dieser Prozeß heißt der radioaktive Betazerfall. Da das Zerfallselektron stets nur einen Bruchteil der Energiedifferenz zwischen Anfangs- und Endkern wegträgt (was man seit 1930 wußte), muß der Rest dieser Energiedifferenz von einem unsichtbaren, also ungeladenen Teilchen mitgenommen werden, das deshalb *Neutrino* heißt. Die begriffliche Schwierigkeit dieses Prozesses lag zunächst darin, daß die zerfallenden Kerne als Bausteine ja nur Protonen und Neutronen enthalten. Wenn sie dennoch Elektronen und Neutrinos emittieren, so können diese nur im Augenblick der Emission *erzeugt* worden sein.

Auf diese Weise ergibt sich das Zerfallsschema[29]

$$\text{Neutron} \rightarrow \text{Proton} + \text{Elektron} + \text{Antineutrino}$$

bzw.

$$\text{Proton} \rightarrow \text{Neutron} + \text{Positron} + \text{Neutrino}.$$

Man bedient sich gern einer abgekürzten Schreibweise in der Art chemischer Formeln mit den Symbolen $n$ für Neutron, $p$ für Proton, $e^-$ und $e^+$ für Elektron und Positron, $\nu$ für ein Neutrino und $\tilde{\nu}$ für dessen Antiteilchen, das Antineutrino, und schreibt:

$$n \rightarrow p + e^- + \tilde{\nu}$$

und

$$p \rightarrow n + e^+ + \nu.$$

Hier verschwindet also ein Teilchen und statt dessen werden drei andere erzeugt oder, wenn wir den Begriff des Nukleons benutzen, ein Nukleon wird in einen anderen Ladungszustand übergeführt unter Erzeugung zweier völlig verschiedener Teilchen, die aber nicht wie bei der Paarerzeugung im Teilchen-Antiteilchen-Verhältnis zueinander stehen, so daß der Prozeß auf keinen Fall im Rahmen der Löchertheorie verstanden werden kann.

Wir können also nicht umhin, die Erzeugung und Vernichtung von Teilchen unter Erhaltung der Gesamtenergie als einen wesentlichen Zug der physikalischen Welt zu betrachten. Dies hat sich seither an vielen Stellen bestätigt. Allerdings ist der experimentelle Aufwand dabei sehr groß. Das hat einen einfachen Grund: Zur Erzeugung eines Teilchens der Masse $m_0$ ist minde-

---

[29] Die experimentelle Unterscheidung von Neutrino und Antineutrino ist schwierig, da ja beide elektrisch neutral sind. Sie ist erst viel später auf Grund ihrer Spins gelungen: Neutrinos fliegen mit rückwärts, Antineutinos mit vorwärts gerichteten Spins. Für das folgende ist diese Unterscheidung unwesentlich.

stens seine Ruhenergie $m_0 c^2$ aufzuwenden. Für ein Elektron beträgt, wie wir sahen, $m_0 c^2$ bereits rund eine halbe Million eV; dies ist die Größenordnung der Energien, die für die Kernphysik charakteristisch sind und die experimentell seit den dreißiger Jahren in größerem Umfange zugänglich wurden.

Im Jahre 1948 war die Entwicklung der Teilchenbeschleuniger darüber hinaus bis in die Größenordnung einiger 100 MeV vorgedrungen; die Ruhenergie eines *Pions* beträgt etwa 140 MeV, so daß die ersten Pionen — instabile Teilchen, die in etwa $10^{-8}$ sec zerfallen — um 1950 erzeugt und studiert werden konnten. Dabei wurden zwei Erzeugungsprozesse benutzt, die wir in unserer Symbolschrift mit $\pi^+$ für ein positives und $\pi^-$ für ein negatives Pion (sowie $h\nu$ für ein Lichtquant) schreiben:

$$p + h\nu \to n + \pi^+; \qquad p + n \to p + p + \pi^-.$$

(Dabei können noch verschiedene Ladungskombinationen auftreten, wie z. B. $n + h\nu \to p + \pi^-$.)

Beim Zerfall der Pionen entstehen übrigens die etwas leichteren *Myonen*, die nach einer Lebensdauer von einigen $10^{-6}$ sec erneut in stabile Elektronen und Neutrinos zerfallen:

$$\pi^- \to \mu^- + \tilde{\nu}; \qquad \mu^- \to e^- + \nu + \tilde{\nu}.$$

Von diesen Myonen und ihrer Ausnutzung als bewegte „Uhren" haben wir bei der Zeitdilatation der Relativitätstheorie auf Seite 47 schon einmal gesprochen.

Im Herbst 1955 war die Technik der Teilchenbeschleuniger einen großen Schritt weiter gekommen; in Berkeley (Kalifornien) wurden zum ersten Mal 6200 MeV erreicht; diese Energie genügte, um ein Nukleonenpaar herzustellen, ganz nach dem gleichen Schema, wie Curie und Joliot Elektronenpaare hergestellt hatten:

$$h\nu + \text{Atomkern} \to \text{Atomkern} + p^+ + p^-,$$

wobei der Mindestaufwand an Energie, $2 m_0 c^2$, fast 2000 MeV beträgt. Auf diese Weise wurden *Antiprotonen* negativer Ladung erzeugt (Okt. 1955), denen wenig später die Erzeugung von *Antineutronen* folgte.

Mit all diesen Entdeckungen treten wir aber bereits voll in die neueste Phase der Physik ein, in die Physik der Elementarteilchen.

Ehe wir hier weitergehen, müssen wir uns nach dem theoretischen Rahmen umsehen, innerhalb dessen wir solche Prozesse beschreiben können. Es genügt ja nicht nur, aus der Energiebilanz vorherzusagen, ob ein Prozeß möglich oder unmöglich ist, wir möchten ja z. B. auch vorhersagen können, mit welcher Wahrscheinlichkeit er bei einer bestimmten Anordnung auftritt. Die Quantentheorie in der Form, wie sie in Kap. 6 skizziert wurde, aufgebaut auf dem Dualismus von Welle und Korpuskel und dargestellt im Konfigurationsraum aller einem System angehörigen Teilchen, ist dazu nicht in der Lage: Der Konfigurationsraum legt von vornherein die Teilchenzahl fest; solange sich diese nicht ändert — was normalerweise bei Molekülen, Atomen, Kernen erfüllt ist — genügt er zur Beschreibung; für Prozesse der Erzeugung und Vernichtung von Teilchen ist dieser theoretische Rahmen aber zu eng.

Es war sicher ein Glücksfall für den Fortschritt der Physik, daß schon 1929 Heisenberg und Pauli den Teilchencharakter der Lichtquanten so ernst genommen hatten, daß sie eine Quantentheorie der Erzeugung und Vernichtung dieser Teilchen entwickelten. Dies ist die sogenannte *Quantenelektrodynamik*, in der nicht die klassische Korpuskeltheorie durch einen mathematischen Prozeß in eine Wellentheorie im Konfigurationsraum übersetzt wird wie in der normalen Quantenmechanik, sondern umgekehrt die klassische Wellentheorie durch einen ganz anderen mathematischen Prozeß in eine Korpuskeltheorie, dafür aber im dreidimensionalen Raum unserer Anschauung übersetzt wird. Hierbei treten automatisch Lichtquanten erzeugende und Lichtquanten vernichtende Prozesse als die eigentlichen Elementarprozesse auf.

Die von Heisenberg und Pauli begründete Quantenelektrodynamik bewährte sich nicht nur bei der Beschreibung aller Prozesse, bei denen Lichtquanten erzeugt (emittiert) oder vernichtet (absorbiert) werden. Sie erwies sich überhaupt als geeignet zur Behandlung der Wechselwirkungen von Licht und Materie. Man konnte damit z. B. für den Comptoneffekt nunmehr nicht nur die elementar zu berechnende Frequenzänderung bei der Streuung des Lichtquants angeben, sondern auch in logisch einwandfreier Weise die Wahrscheinlichkeit berechnen, mit der ein solcher Streuprozeß eintritt (Klein und Nishina 1929). Der Prozeß wird als ein Zweistufenprozeß behandelt, bei dem das Elektron zunächst das ankommende Lichtquant in einem Elementarakt absorbiert, um es sodann in einem zweiten mit geänderter Frequenz und Richtung wieder zu emittieren („Prozeß zweiter Ordnung"). Auch bei noch einfacheren Problemen, etwa der Frage nach der Intensität, mit der ein Atom eine Spektrallinie aussendet, kam man los von der bis dahin allein möglichen halbklassischen und daher in sich nicht konsequenten Behandlung des Lichtfeldes.

Die Quantenelektrodynamik macht in dieser ursprünglichen Form zwar ernst mit der Erzeugung und Vernichtung von Lichtquanten, sie läßt aber die alte Beschreibung der Elektronen mit fest vorgegebener, unveränderlicher Anzahl noch bestehen. Zunächst war ja auch kein Grund vorhanden, etwas daran zu ändern. Freilich konnte man, wenn man wollte, auch hier nach dem gleichen Muster vorgehen, da ja für Elektronen derselbe Welle-Korpuskel-Dualismus besteht wie für das Licht; eine Notwendigkeit dazu schien aber vorerst nicht gegeben. Für die Elektron-Positron-Paarerzeugung freilich war die alte Form der Theorie nur noch mit der einigermaßen grotesken Zusatzannahme der Unterwelt negativer Energiezustände zu retten. Immerhin war es damit möglich, auch quantitativ die Wahrscheinlichkeit des Prozesses auszurechnen, mit einem Wort, allen Anforderungen zu genügen, die der experimentierende Physiker mit Recht an eine Theorie stellen kann. Dennoch blieb notwendig ein beträchtliches Unbehagen zurück.

Den endgültigen Durchbruch vollzog 1934 Fermi, als er nach dem Muster der Quantenelektrodynamik den radioaktiven *Betazerfall* erklärte und dabei zum ersten Male diese Auffassung auch auf andere Korpuskeln als Lichtquanten übertrug. Auf Seite 100 haben wir gesehen, daß hier ein Elektron (oder Positron) und ein Antineutrino (oder Neutrino) erzeugt werden unter Fortbestehen des Nukleons, das lediglich seinen Ladungszustand (von Neutron zu Proton oder umgekehrt) verändert. In der hierfür von Fermi entwickelten speziellen *Quantenfeldtheorie* geht man von klassischen Feldern für Elektronen und Neutrinos (und ihre Antiteilchen) aus, die gequantelt wurden, so wie Heisenberg und Pauli das klassische Lichtfeld gequantelt hatten, und so wie dort das Ergebnis darin bestand, daß das Feld im Sinne des Dualismus aus Lichtquanten besteht, die erzeugt und vernichtet werden können, so erreicht man hier, daß Elektronen und Neutrinos als Feldteilchen auftreten. Diese Felder müssen nun natürlich in Wechselwirkung mit dem Nukleon stehen, wodurch die Erzeugung je eines Teilchens und Antiteilchens ermöglicht wird. Für diese Wechselwirkung mußte ad hoc ein Ansatz gemacht werden; das klingt aber willkürlicher als es in Wirklichkeit ist, da man in einer strengen Nahwirkungstheorie hierzu nicht allzuviele Möglichkeiten hat. Auch ist ein solcher Ansatz im Grunde nichts anderes, als was stets bei der Entwicklung einer neuen physikalischen Theorie notwendig ist: Eine Grundkonzeption wird in ihren Details näher bestimmt, indem man sie mit den beobachteten Phänomenen vergleicht. Auf diese Weise erreicht man entweder einen Punkt, an dem die Grundidee selbst in Widerspruch zu den Tatsachen gerät, und muß den Versuch aufgeben, oder man entwickelt aus ihrer zunächst noch einige Freiheit enthaltenden allgemeinen Fassung Schritt für Schritt durch Einengung anhand der empirischen Erfahrung die richtige, eindeutige Ergebnisse liefernde Theorie.

Der Fermischen Theorie des Betafeldes und der Heisenberg-Paulischen Theorie des elektromagnetischen Feldes ist nun eines gemeinsam: Beide sind, wie wir heute sagen, Systeme mit einigermaßen *schwacher Kopplung*. Man kann sich dies für den Betazerfall besonders anschaulich klar machen. Ein für die Bewegung der Nukleonen im Kern charakteristisches Zeitintervall ist etwa $10^{-21}$ sec; das entspricht mutatis mutandis dem für das Planetensystem charakteristischen Zeitintervall von einem Jahr, der Umlaufszeit der Erde. Hat ein Kern eine mittlere Lebensdauer von 1 sec für Betazerfall, so sind dies also $10^{21}$ solcher Zeiteinheiten. Der Prozeß ist also so unwahrscheinlich wie eine plötzliche Katastrophe im Planetensystem nach $10^{21}$ Jahren, was etwa $10^{10}$mal so lange ist wie das heutige Alter des Kosmos! Kein Wunder, daß ein so unwahrscheinlicher Vorgang für Fragen der Kernstruktur völlig irrelevant ist. Nun ist es immer möglich, die absolute Größe der Wahrscheinlichkeit eines derartigen Prozesses auf eine sogenannte *Kopplungskonstante* zurückzuführen, die ein Maß dafür darstellt, wie stark die Wechselwirkung der verschiedenen miteinander in Wechselwirkung stehenden Teilchen ist. Bei dem Paarbildungsprozeß von Curie und Joliot z. B. ist diese Wechselwirkung rein elektromagnetisch, und für solche Prozesse ist die elektrische Elementarladung $e$ eine charakteristische Konstante. Als Kopplungskonstante in dem hier gebrauchten Sinne verwendet man zweckmäßiger die Kombination $e^2/\hbar c$, die sogenannte Feinstrukturkonstante[30], die eine reine Zahl ist mit dem Zahlenwert 1/137. In solchen Fällen kann man ein Rechenverfahren anwenden, das man als *Störungsmethode* bezeichnet, indem man von einer genäherten Ausgangssituation mit freien Teilchen unter vollständiger Vernachlässigung ihrer kleinen Wechselwirkung ausgeht und in einer Reihe aufeinander folgender Schritte nach und nach Prozesse berücksichtigt, bei denen ein, zwei, drei usw. Teilchen beteiligt sind und die mit steigender Anzahl der Teilchen rasch immer unwahrscheinlicher werden.

Man kann solche Prozesse sehr übersichtlich in einem schematischen Diagramm beschreiben, das der amerikanische Theoretiker Feynman zuerst eingeführt hat. In Abb. 22 sind zwei Feynman-

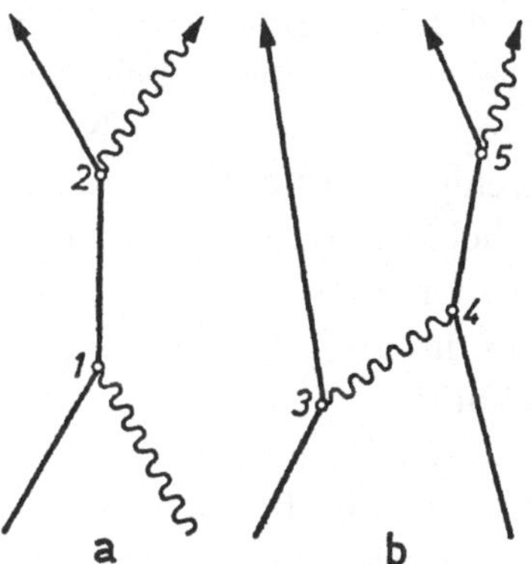


Abb. 22. Zwei Feynman-Diagramme. a) Comptoneffekt, b) Bremsstrahlung. Die ausgezogenen Linien bedeuten geladene Teilchen (Elektron in a und bei der Linie über die Vertices 4 und 5, Atomkern bei den Linien über 3). Die Wellenlinien bedeuten elektromagnetische Strahlung (in a und oberhalb von 5: Lichtquanten, zwischen 3 und 4 etwas komplizierter zu beschreiben). Statt Lichtquanten sagen wir heute gern auch Photonen, seit sie als Teilchen ernst genommen werden

Diagramme wiedergegeben, für den Comptoneffekt und die Bremsstrahlung, die beide Prozesse mit elektromagnetischer Kopplung sind. Der Comptoneffekt, den wir bereits auf Seite 72 kennengelernt haben, ist ein Prozeß zweiter Ordnung mit zwei „Vertices", die Bremsstrahlung ist von dritter Ordnung. An

---

[30] $\hbar$ ist das durch $2\pi$ dividierte Wirkungsquantum $h$.

jedem Vertex laufen zwei Linien geladener Teilchen und eine Photonlinie zusammen. Die primäre Wechselwirkung, welche allen noch so komplizierten Prozessen zugrundeliegt, besteht hier in der Vernichtung eines Teilchens unter gleichzeitiger Erzeugung eines anderen der gleichen Art und eines Photons (Vertices 2, 3, 5) oder umgekehrt in der Vernichtung eines Teilchens und eines Photons unter gleichzeitiger Erzeugung eines anderen Teilchens der gleichen Art (Vertices 1 und 4). Die für diese elektromagnetische Kopplung an jedem Vertex maßgebende Kopplungskonstante ist die elektrische Ladung $e$, so daß beim Comptoneffekt mit 2 Vertices $e^2$, bei der Bremsstrahlung mit 3 Vertices $e^3$ in dem sogenannten „Matrixelement" auftritt. Die gesuchte Wahrscheinlichkeit des Prozesses ist dem Quadrat des Matrixelements proportional; daher tritt beim Comptoneffekt der dimensionslose Faktor $(e^2/\hbar c)^2$, bei der Bremsstrahlung $(e^2/\hbar c)^3$ auf, und da $e^2/\hbar c = 1/137$ sehr klein ist, wird der zweite Prozeß viel unwahrscheinlicher als der erste.

Nun sind die gezeichneten Diagramme nur die einfachsten zur Beschreibung der tatsächlichen Prozesse. So lassen sich z.B. auch Diagramme vierter Ordnung zur Beschreibung des Comptoneffektes angeben. Bei vier Vertices wird das Matrixelement proportional zu $e^4$, d.h. es trägt im Verhältnis $e^2/\hbar c = 1/137$ weniger bei als der oben skizzierte Hauptprozeß, kann also ohne erheblichen Fehler vernachlässigt werden. Die Einfachheit der Beschreibung durch das Diagramm mit nur zwei Vertices allein beruht also wesentlich auf der Kleinheit der Kopplungskonstanten.

Dies Verfahren ist noch viel befriedigender in der Theorie des Betazerfalls, bei dem die zu $e^2/\hbar c$ analoge Kopplungskonstante nur etwa $10^{-15}$ beträgt. Eine große Gruppe solcher Prozesse wird durch dieselbe Kopplung beschrieben, die wir als „universelle Fermi-Wechselwirkung" bezeichnen, so wie wir die gerade beschriebene elektromagnetische als „universelle Maxwell-Wechselwirkung" hätten bezeichnen können (was nicht üblich ist), und alle von der Fermi-Wechselwirkung verursachten Prozesse zwischen Elementarteilchen bezeichnen wir als solche der *schwachen Kopplung*. Ein anderes Beispiel als der Betazerfall für diese Kopplung ist der radioaktive Zerfall der Myonen, den wir auf Seite 47 als Indikator für die Zeitdilatation der Relativitätstheorie benutzt haben.

Auf der anderen Seite muß die Störungsmethode völlig unbrauchbar werden, wenn die Kopplungskonstante groß ist. Das ist nun leider bei der Wechselwirkung der Fall, die wir zur Beschreibung der Kernkräfte heranziehen müssen. Am Ende von Kapitel 7 war im Rahmen eines Überblicks über unsere Kenntnisse der Atomkerne die unmittelbare Ableitung der Wechselwirkung zwischen zwei Nukleonen aus den Beobachtungen unbefriedigend geblieben. Die feldtheoretische Beschreibung dieser Wechselwirkung, d.h. die Eingliederung in das allgemeine theoretische Schema, das wir soeben kennengelernt haben, ist nun durch die Weiterentwicklung der schon 1935 von Yukawa eingeführten Idee des „Kernkraftfeldes" möglich geworden, wobei weitgehend Analogie zur gequantelten Theorie des elektromagnetischen Feldes besteht, nur daß die Rolle, die dort das Lichtquant spielt, jetzt von einem Pion übernommen wird: Die Wechselwirkung zweier Nukleonen erfolgt über den Austausch eines Pions im einfachsten Prozeß, so wie man die elektrische Anziehung oder Abstoßung zwischen zwei geladenen Teilchen (also das Coulombsche Gesetz) quantentheoretisch durch den Austausch eines Lichtquants zwischen ihnen beschreibt. Gewiß, die Masse der Pionen (rund 270 Elektronenmassen) und ihr Auftreten in drei verschiedenen Ladungszuständen ($+ e$, $0$, $- e$) macht diese Theorie komplizierter als die der elektromagnetischen Kopplung, wohingegen sie andererseits auch einfacher wird, weil die Pionen kein Analogon zur Polarisation des Lichtes mitbringen. Dies alles wäre nicht entscheidend; die Beschreibung bricht aber zusammen infolge der großen Kopplungskonstante, die ungefähr 10 beträgt und das Entwicklungsverfahren nach steigenden Vertexzahlen divergent macht.

Wir kennen heute im Bereich der Elementarteilchen viele Prozesse, die dieser dritten Gruppe der *starken Kopplung* angehören. Hier gibt es bisher keine Theorie, die uns wirklich über die Schwierigkeit hinweghelfen könnte. Vermutlich ist das auch nur durch Änderungen in den Grundideen zu erreichen. Die Physik der starken Kopplung steht daher auf einer Entwicklungsstufe, auf der zunächst einmal versucht wird, Vorarbeiten zu leisten, die ein

Fundament für eine solche dynamische Theorie bilden können. Hierbei sind im Laufe der sechziger Jahre so zahlreiche und schöne Erfolge errungen worden, daß darüber manchmal fast der Umstand in Vergessenheit gerät, daß das eigentliche Hauptproblem nach wie vor ungelöst ist.

## 9. Kapitel

# Das System der Elementarteilchen

Wenn auch, nach dem am Ende des letzten Kapitels Gesagten unser Verständnis der Elementarteilchen noch unvollkommen ist, so sollten wir ihnen doch zum Schluß noch ein wenig Aufmerksamkeit schenken, da hier gewiß die Wurzel zu einem künftigen tieferen Verstehen liegt als dem, wozu unsere gegenwärtige Physik in der Lage ist. Hier wird auch der Weg besonders deutlich, den wir heute eingeschlagen haben, weil er uns der einzige zu sein scheint, der Aussicht bietet, zum Ziele dieses Verständnisses zu gelangen.

Die Untersuchung der Elementarteilchen erfolgt fast durchweg in der Weise, daß zwei Teilchen mit großer Energie aufeinander geschossen werden. Dabei handelt es sich primär um stabile Teilchen wie Protonen und Elektronen, die uns in beliebiger Menge als Geschosse zur Verfügung stehen, sowie um Atomkerne — mit anderen Worten Protonen und Neutronen — als Zielscheiben. Die hohen Energien dienen als Energievorrat für die Aufbringung der Ruhenergien $m_0 c^2$ von bei solchen Zusammenstößen entstehenden neuen Teilchen. Auf diese Weise wurden zuerst, um 1950 herum, die Pionen erzeugt, von denen in diesem Buch schon mehrfach die Rede war; als die experimentellen Einrichtungen größer wurden, konnten diese ihrerseits in solchen Mengen erzeugt werden, daß sie als Geschosse benutzt wieder neue Reaktionen auslösten, bei denen weitere bis dahin unbekannte Elementarteilchen entstanden. Seit etwa dem Ende der fünfziger Jahre ist auf diese Weise eine so große Zahl bis dahin unbekannter Teilchen neu entdeckt worden, daß deren Systematik versucht werden konnte.

Vielleicht sollten wir an dieser Stelle einem Bedenken begegnen, das sich sehr leicht einzustellen vermag. Die bei solchen Versuchen erzeugten Teilchen sind sämtlich instabil, d.h. sie zerfallen spontan nach einiger Zeit wieder, und am Ende bleiben die wohlbekannten stabilen Teilchen übrig. Ist dann das, was wir hier treiben, eigentlich noch Naturwissenschaft, also eine Beschreibung der Natur selbst, in der diese Kunstprodukte gar nicht als Bausteine auftreten? Diesem Einwand läßt sich begegnen. Erstens nämlich vollführt die Natur selbst die gleichen Experimente fortwährend, wenn die extrem energiereichen Protonen der kosmischen Strahlung unsere Atmosphäre treffen, und was ist Experimentieren anderes als ein sauberes Herausarbeiten solcher Ereignisse? Zweitens aber darf unabhängig davon der eigentliche Zweck der Elementarteilchenphysik nicht verkannt werden: Nicht die künstliche Erzeugung immer neuer und immer sonderbarerer Teilchen ist das zentrale Problem, dahinter steht vielmehr das Ziel eines tieferen und in sich geschlosseneren Begreifens jener großen Gruppen von Kräften, die den Bau der Atomkerne, also ein Stück der uns ständig umgebenden Natur regeln.

In der nebenstehenden Tabelle sind die heute bekannten Teilchen zusammengestellt. Wir unterscheiden drei Gruppen, die als Leptonen (= leichte Teilchen), Mesonen (= mittelschwere Teilchen) und Baryonen (= schwere Teilchen) bezeichnet werden. Die Leptonen (Elektronen, Neutrinos und Myonen) können wir hier außer acht lassen, da sie völlig ins Gebiet der schwachen Kopplung fallen, so daß sie keine Anhaltspunkte für die Weiterentwicklung der Begriffe bieten. Dagegen befinden wir uns bei den *Mesonen* (Pionen und Kaonen) und den *Baryonen* (Nukleonen, $\Lambda^0$-, $\Sigma$- und $\Xi$-Teilchen) im Bereich der *starken Kopplung*, auf den wir uns hier beschränken können.

Ein solches Teilchen ist durch eine Reihe von Eigenschaften definiert, unter denen seine Masse und seine Ladung an erster Stelle stehen. Weitere wichtige Eigenschaften sind sein Spin, sein Isospin und seine Hyperladung, ferner seine Einordnung entweder zur Gruppe der Mesonen oder der Baryonen. Mit diesen Größen müssen wir uns jetzt näher beschäftigen, wenn wir zu einem ersten Verständnis gelangen wollen.

Ein Experiment mit Elementarteilchen führt nun von einem Anfangszustand, in dem zwei Teilchen weit voneinander entfernt sind, über einen Zwischenzustand, während dessen sie sich auf engstem Raum beisammenfinden und miteinander reagieren, zu einem Endzustand, in dem zwei oder mehr andere, bei der Reaktion entstandene Teilchen wieder weit voneinander entfernt sind. Über den Zwischenzustand wissen wir vorerst wenig oder nichts; im Anfangs- und Endzustand aber haben wir Situationen vor uns, deren Verständnis und Behandlung der Physik seit langem vollständig gelungen war. Diese Behandlung baut auf den *Erhaltungssätzen* auf, deren Anwendung auf jedes derartige Experiment uns die erwünschten Auskünfte gibt.

Der einleuchtendste dieser Sätze ist der *Erhaltungssatz der elektrischen Ladung*: Die Summe der Ladungen aller Teilchen muß im Anfangs- und Endzustand übereinstimmen. Wenn also beim Zusammenstoß eines Protons ($+ e$) und eines negativen Pions ($- e$) zwei unbekannte neue Teilchen entstehen, so muß wiederum eines davon positiv und eines negativ geladen oder beide müssen ungeladen sein. Ein Prozeß dagegen, bei dem im Endzustand ein geladenes und ein ungeladenes Teilchen vorlägen, wäre nicht möglich. Wir sprechen dann von einem *Verbot* dieses Prozesses oder einer *Auswahlregel*.

Komplizierter, aber seit fast zweihundert Jahren vollständig bekannt, sind die Erhaltungssätze der Mechanik. Einer davon, der *Erhaltungssatz der Energie*, ist uns in diesem Buche oft begegnet. Mit der Aussage der Relativitätstheorie (Seite 49), daß auch der Masse ($m$) eines Teilchens eine Energie ($m c^2$) zuzuordnen ist, stellt er das wichtigste Hilfsmittel zur Bestimmung der Masse eines Teilchens dar und gibt damit den ersten und wichtigsten Anhaltspunkt dafür, ob es sich um ein altbekanntes oder ein neuartiges Teilchen handelt, wie ein Blick auf die in der Tabelle (S. 114) angegebenen Massen zeigt.

Die Mechanik kennt noch weitere Erhaltungssätze, unter denen der *Impulssatz* für unseren Zweck besonders wichtig ist. Der Impuls eines Teilchens ist das Produkt aus seiner Masse (relativistisch $m$, nicht $m_0$, siehe S. 49) und seiner Geschwindigkeit. Er ist daher wie die Geschwindigkeit eine gerichtete Größe (ein Vektor). Setzt man diese gerichteten Größen nach der Parallelogrammregel zusammen, so muß das Ergebnis im Anfangs- und Endzustand übereinstimmen. Die Anwendung des Impulssatzes unterstützt nicht nur die Massenbestimmung; sie ermöglicht auch zu beurteilen, ob vielleicht ein entstehendes Teilchen der

Beobachtung entgangen ist. Dies wird besonders wichtig für ungeladene Teilchen, die nur durch sekundär von ihnen ausgelöste weitere Reaktionen unter Entstehung geladener Teilchen beobachtbar werden.

Ein weiterer Erhaltungssatz aus der Mechanik ist der *Drehimpulssatz*. Der Drehimpuls ist eine Größe, die für eine Rotation eine analoge Rolle wie der Impuls für eine Translation spielt. Auch er ist eine gerichtete Größe, wobei die Rotationsachse hier die Rolle der Geschwindigkeitsrichtung übernimmt. Nun haben Elementarteilchen meist einen Eigendrehimpuls oder Spin, der für sie charakteristisch ist und mit ihren Bahnbewegungen nichts zu tun hat, ähnlich wie die Erde eine tägliche Eigenrotation um ihre Achse ausführt, die von ihrer jährlichen Bahnbewegung um die Sonne unabhängig ist. Diese Spins werden in Einheiten der Größe $\hbar$ gemessen und betragen entweder ein halbzahliges oder ganzzahliges Vielfaches davon. Die bekannten stabilen Teilchen, Elektronen und Nukleonen, haben den Spin $\frac{1}{2}\hbar$; dasselbe gilt für die übrigen Leptonen und Baryonen. Die Lichtquanten dagegen haben den Spin $1\,\hbar$ und die Pionen und Kaonen haben keinen Spin. Auch sind heute vielfach angeregte Zustände von Elementarteilchen mit Spin $\frac{3}{2}\,\hbar$ und $2\,\hbar$ bekannt. Alle diese Aussagen sind im wesentlichen aus dem Drehimpulssatz hervorgegangen, der für Anfangs- und Endzustand einer Reaktion wieder den gleichen Wert des Drehimpulses erfordert. Dies führt auch zu leicht verständlichen Auswahlregeln. Ein System

| | |
|---|---|
| aus Baryon $+$ Meson | muß halbzahligen, |
| aus zwei Baryonen | ganzzahligen, |
| aus zwei Mesonen | ebenfalls ganzzahligen |

Spin haben. Eine Reaktion, die das erste dieser drei Systeme mit einem der beiden anderen verknüpft, widerspricht daher dem Erhaltungssatz des Drehimpulses und kann nicht stattfinden. So ist z. B. die Reaktion

$$p + \pi^- \to n + \Lambda^0,$$

die von der ersten zur zweiten Gruppe führt, verboten und wird auch nicht beobachtet.

Dies sind alle Erhaltungssätze, die vor der Elementarteilchenphysik schon bekannt waren. Je mehr Reaktionen man nun im Laufe der fünfziger und sechziger Jahre kennenlernte, um so deutlicher schälten sich einige weitere Auswahlregeln heraus. So zeigte sich z.B., daß von den drei soeben genannten Übergängen auch derjenige verboten ist, der zwei Baryonen in zwei Mesonen umwandelt oder umgekehrt. Dagegen kann ein Baryon mit einem Antibaryon sehr wohl so reagieren, daß zwei Mesonen entstehen. Das steht in Analogie zur „Zerstrahlung" eines Elektrons und Positrons aneinander (S. 94); so wie dort aus Teilchen $(e^-)$ und Antiteilchen $(e^+)$ zwei Lichtquanten durch elektromagnetische Kopplung hervorgehen, so können ein Proton $(p,$ Ladung $+e)$ und ein Antiproton $(\bar{p},$ Ladung $-e)$ durch die starke Kopplung in zwei Pionen $(\pi^+ + \pi^-)$ „zerstrahlen". Man kann alle diese Regeln zusammenfassen in einen *Erhaltungssatz der Baryonenzahl*, bei dem man eine Quantenzahl $B$, eben die Baryonenzahl, als charakteristische Größe für jede Teilchenart einführt, die

$$B = +1 \quad \text{für ein Baryon,}$$
$$B = -1 \quad \text{für ein Anti-Baryon,}$$
$$B = \phantom{+}0 \quad \text{für ein Meson ist.}$$

Im Rahmen all dieser Sätze wäre nun z.B. noch der Prozeß

$$p + \pi^- \rightarrow \Sigma^+ + K^-$$

erlaubt, der aber niemals auftritt, wenn Protonen mit negativen Pionen ausreichend hoher Energie beschossen werden. Dieses und ähnliche Verbote deuten darauf hin, daß mit der starken Wechselwirkung zwischen Baryonen und Mesonen noch weitere Erhaltungssätze verbunden sind. Einen wesentlichen Schritt zur Erkenntnis dieser Sätze haben schon 1953 Gell-Mann und Nishijima getan, die jedem Elementarteilchen (außer den Leptonen) eine weitere charakteristische Zahl zuordneten, die sie als seine „strangeness", seine Fremdartigkeit, bezeichneten. Diese Zahl ist unter $S$ in der Tabelle für jedes Teilchen angegeben. Die Auswahlregel besagt dann, daß die Summe der Fremdartigkeiten aller beteiligten Reaktionspartner im Anfangs- und Endzustand übereinstimmen, sich dagegen bei dem spontanen Zerfall einer Partikel um eine Einheit ändern muß. Hätte man nicht schon aus den Lebensdauern der instabilen Teilchen darauf schließen müssen, daß ihr spontaner Zerfall über eine andere, schwächere Kopplung mit ihren Zerfallsprodukten herbeigeführt wird, so hätte schon die Verschiedenheit dieser beiden Auswahlregeln für die „strangeness" auf verschiedene Wechselwirkungen hingedeutet.

Der *Isospin* ist eine Eigenschaft der Elementarteilchen, die derjenigen des Spins von Mehrelektronensystemen nachgebildet ist. Es ist deshalb nützlich, diese ein wenig genauer zu skizzieren. Bei der Untersuchung der Atomspektren hatte man bereits in den zwanziger Jahren den Begriff der *Multiplizität* eines Elektronenzustandes entwickelt, der etwa so zustande kam: Jedes Elektron hat den Spin $\frac{1}{2}\hbar$; die Spins mehrerer Elektronen in einem Atom

Baryonen: $B = 1$, Spin $\frac{1}{2}$

| Teil-chen | Masse | $Q$ | $T$ | $T_3$ | $S$ | $Y$ |
|---|---|---|---|---|---|---|
| $p$ | 938,3 | 1 | $\frac{1}{2}$ | $+\frac{1}{2}$ | 0 | 1 |
| $n$ | 939,6 | 0 | $\frac{1}{2}$ | $-\frac{1}{2}$ | 0 | 1 |
| $\Lambda^0$ | 1115,5 | 0 | 0 | 0 | $-1$ | 0 |
| $\Sigma^+$ | 1189,5 | 1 | 1 | $+1$ | $-1$ | 0 |
| $\Sigma^0$ | 1192,5 | 0 | 1 | 0 | $-1$ | 0 |
| $\Sigma^-$ | 1197,4 | $-1$ | 1 | $-1$ | $-1$ | 0 |
| $\Xi^0$ | 1315 | 0 | $\frac{1}{2}$ | $+\frac{1}{2}$ | $-2$ | $-1$ |
| $\Xi^-$ | 1321 | $-1$ | $\frac{1}{2}$ | $-\frac{1}{2}$ | $-2$ | $-1$ |

Mesonen: $B = 0$, Spin 0

| Teil-chen | Masse | $Q$ | $T$ | $T_3$ | $S$ | $Y$ |
|---|---|---|---|---|---|---|
| $\pi^+$ | 139,6 | 1 | 1 | $+1$ | 0 | 0 |
| $\pi^0$ | 135,0 | 0 | 1 | 0 | 0 | 0 |
| $\pi^-$ | 139,6 | $-1$ | 1 | $-1$ | 0 | 0 |
| $K^+$ | 493,8 | 1 | $\frac{1}{2}$ | $+\frac{1}{2}$ | $+1$ | 1 |
| $K^0$ | 497,8 | 0 | $\frac{1}{2}$ | $-\frac{1}{2}$ | $+1$ | 1 |
| $K^-$ | 493,8 | $-1$ | $\frac{1}{2}$ | $-\frac{1}{2}$ | $-1$ | $-1$ |
| $\bar{K}^0$ | 497,8 | 0 | $\frac{1}{2}$ | $+\frac{1}{2}$ | $-1$ | $-1$ |
| $\eta^0$ | 549 | 0 | 0 | 0 | 0 | 0 |

*Anm.:* Die unter „Masse" angegebenen Zahlen sind die Ruhenergien $mc^2$ in MeV.

stehen entweder parallel oder entgegengerichtet, d. h. sie addieren oder subtrahieren sich. Ein Zustand, zu dem zwei Elektronen beitragen, hat also entweder den Gesamtspin (in Einheiten von $\hbar$) $\frac{1}{2} + \frac{1}{2} = 1$ oder $\frac{1}{2} - \frac{1}{2} = 0$; ein Zustand mit drei Elektronen in gleicher Weise $\frac{3}{2}$ oder $\frac{1}{2}$ usw. Da aber die Elektronen außer ihrem Spin noch einen Drehimpuls besitzen, der von ihrer Bahnbewegung herrührt, und die Energie eines Zustandes etwas davon abhängt, wie der Gesamtspin der Elektronen zu ihrem gesamten Bahndrehimpuls orientiert ist, zeigen die Energieniveaus eine feine Aufspaltung, die man als *Multiplettstruktur* bezeichnet. Die Gesetze der Quantenmechanik führen nämlich dazu, daß nicht jeder Winkel zwischen Bahndrehimpuls und Spin möglich ist, sondern daß die Projektion $S_z$ des Spins $S$ auf die Richtung des Bahndreh-

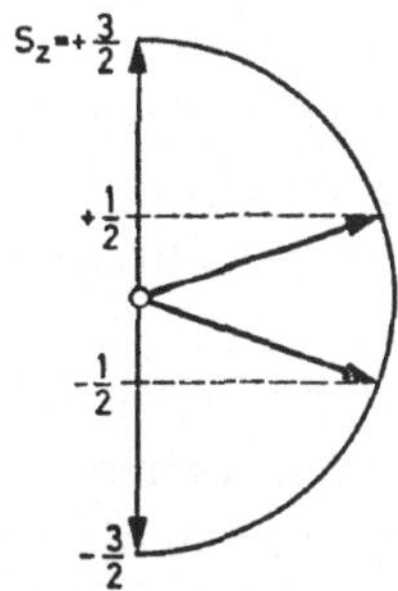



Abb. 23. Richtungsquantelung. Der Spin $S$ ist ein Vektor, der sich nicht in jeder Richtung zum Bahndrehimpuls $L$ einstellen kann. In unserer Abbildung würde $L$ senkrecht nach oben zeigen (nicht eingezeichnet). Die möglichen Richtungen von $S$ sind dadurch gegeben, daß die Projektion von $S$ auf die Richtung von $L$ (gestrichelte Linien) nur gequantelte Werte $S_z$ annehmen kann. Das gezeichnete Beispiel entspricht $S = \frac{3}{2}$; die möglichen Werte der „Komponente" $S_z$ sind $+\frac{3}{2}$, $+\frac{1}{2}$, $-\frac{1}{2}$, $-\frac{3}{2}$. Im ganzen gibt es daher 4 Einstellungen („Quartett"). Die Energie dieser vier Zustände zeigt eine geringfügige Abhängigkeit von der Einstellung, die eine Aufspaltung des Energieniveaus in vier Komponenten verursacht („Feinstruktur")

impulses gequantelt ist, wie das in Abb. 23 für den Spin $\frac{3}{2}$ skizziert ist. Man erhält z. B. auf diese Weise für ein System von

1 Elektron: $S = \frac{1}{2}$, $\quad S_z = +\frac{1}{2}$, $\quad -\frac{1}{2}$, $\quad M = 2$ („Dublett")

2 Elektronen:

entweder $S = 1$, $S_z = +1$, $0$, $-1$, $M = 3$ („Triplett")
oder $S = 0$, $S_z = 0$, $M = 1$ („Singulett")

3 Elektronen[31]:

entweder $S = \frac{3}{2}$, $S_z = +\frac{3}{2}$, $+\frac{1}{2}$, $-\frac{1}{2}$, $-\frac{3}{2}$,
$$M = 4 \quad \text{(„Quartett")}$$
oder $S = \frac{1}{2}$, $S_z = +\frac{1}{2}$, $-\frac{1}{2}$, $M = 2$ („Dublett")

Hier gibt $M$ die Multiplizität an, d.h. die Anzahl von Komponenten, in die das Energieniveau aufspaltet.

Was wir von dieser Eigenschaft der Atome brauchen, ist lediglich das Vorhandensein einer gerichteten Größe (Spin $S$), die entweder ganzzahlig oder halbzahlig ist, und deren Vorhandensein eine Aufspaltung in

$$M = 2S + 1$$

verschiedene, durch eine weitere Quantenzahl $S_z$ voneinander zu unterscheidende Zustände voraussetzt, wobei $S_z$ alle Werte zwischen $+S$ und $-S$ annehmen kann, die sich um eine ganze Zahl von $S$ unterscheiden.

Nun hat sich schon früh gezeigt, daß für die Beschreibung der Nukleonen, die in zwei verschiedenen Ladungszuständen als Proton (Ladung $Q = +1$, in Einheiten der Elementarladung $e$) und Neutron ($Q = 0$) auftreten, ein mathematisch der Spintheorie vollkommen gleichartiger Begriff, der *Isospin*, eingeführt werden kann und auch in Einzelheiten sinnvoll ist. Wir sagen daher: Das Nukleon sei ein Isospin-Dublett ($M = 2$); es habe daher den Isospin $T = \frac{1}{2}$ und (in Analogie zu $S_z$) die beiden Zustände $T_3 = +\frac{1}{2}$ (Proton) und $T_3 = -\frac{1}{2}$ (Neutron).

Als dann später die Pionen in 3 verschiedenen Ladungszuständen ($Q = +1$, $0$, $-1$) entdeckt wurden, deutete man sie in der gleichen Weise als ein Isospin-Triplett zu $T = 1$ mit den Zuständen $T_3 = +1$, $0$, $-1$.

Für alle Reaktionen, an denen Nukleonen und Pionen beteiligt sind, ergeben sich in diesem Begriffsschema *zwei weitere Er-*

---

[31] Bei 3 Elektronen gibt es aus anderen Gründen zwei voneinander verschiedene solche Dubletts.

*haltungssätze*, nämlich für den gesamten Isospin $T$ und für das gesamte $T_3$ des Systems. Der Erhaltungssatz für $T_3$ erweist sich hier nur als andere Schreibweise des uns schon bekannten Erhaltungssatzes für die elektrische Ladung; neue Informationen erhält man aber aus dem Satz für $T$. Schießt man ein Pion ($T = 1$) auf ein Nukleon ($T = \frac{1}{2}$), so ergibt sich entweder ein Zustand aus einem Isospin-Quartett mit $T = \frac{3}{2}$ oder einem Isospin-Dublett mit $T = \frac{1}{2}$, und Reaktionen zwischen diesen beiden Typen treten nicht auf. So kann man z.B. eindeutig sagen, daß die Reaktion $p + \pi^+ \to p + \pi^+$, bei der $T_3 = \frac{3}{2}$ ist, zu $T = \frac{3}{2}$ allein gehört, weil $T_3 = \frac{3}{2}$ nicht für $T = \frac{1}{2}$ auftreten kann. Die beiden Reaktionen

$$p + \pi^- \to p + \pi^- \quad (\text{,,Streuung``})$$

und

$$p + \pi^- \to n + \pi^0 \quad (\text{,,Streuung mit Ladungsaustausch``})$$

gehören dagegen zu $T_3 = -\frac{1}{2}$, wozu sowohl von $T = \frac{1}{2}$ als von $T = \frac{3}{2}$ Beiträge geleistet werden. Alle drei Prozesse finden mit besonders hoher Wahrscheinlichkeit bei einer Pion-Energie von 120 MeV statt (,,Resonanz``), und man kann zeigen, daß dies Maximum allein dem Quartett $T = \frac{3}{2}$ angehört.

Unsere Tabelle auf Seite 114 gibt die Zahlen $T$ und $T_3$ auch für die anderen Baryonen und Mesonen an. Der Erhaltungssatz für $T_3$ geht dann auch über den der Ladung hinaus. Die beiden Reaktionen

$$p + \pi^- \to \Lambda^0 + K^0 \quad \text{oder} \quad p + \pi^- \to \Sigma^+ + K^-$$

sind z.B. beide mit dem Erhaltungssatz der Ladung verträglich, trotzdem läßt sich nur die erste, nicht aber die zweite Reaktion herbeiführen. In der Tat haben Anfangs- und Endzustand der ersten Reaktion das gleiche $T_3 = -\frac{1}{2}$, wie man leicht anhand der Tabelle nachprüft, während die zweite Reaktion ein Übergang von $T_3 = -\frac{1}{2}$ nach $T_3 = +\frac{1}{2}$ wäre, also verboten ist. Dieselbe Aussage kann auch mit Hilfe der Strangeness gemacht werden, wie ein Blick auf die Werte der Tabelle zeigt, da diese Quantenzahlen nach der Beziehung

$$T_3 = Q - \tfrac{1}{2}(B + S)$$

zusammenhängen.

Es hat sich herausgestellt, daß es oft zweckmäßig ist, anstelle der Strangeness die sogenannte *Hyperladung*

$$Y = B + S$$

zu benutzen; mit ihr läßt sich der Zusammenhang von $T_3$ mit der Ladung $Q$ bequem

$$T_3 = Q - \tfrac{1}{2} Y$$

schreiben. Unser Ergebnis läßt sich dann dahin zusammenfassen, daß außer den längst bekannten Erhaltungssätzen für die mechanischen Größen und für die elektische Ladung $Q$ bei Prozessen der starken Kopplung auch $T$, $T_3$, $Y$, $B$, $S$ erhalten bleiben, während für die von einer anderen und schwächeren Kopplung gesteuerten spontanen Zerfälle der Elementarteilchen die Auswahlregeln

$$\Delta S = \pm 1; \quad \Delta T_3 = \pm \tfrac{1}{2}; \quad \Delta T = \pm \tfrac{1}{2}$$

gelten (die letzte ist unsicher).

In der Tabelle auf Seite 114 sind die Teilchen nun zunächst nach Isospin-Multipletts angeordnet. Schon diese Anordnung zeigt, daß es zwei Dubletts von $K$-Mesonen (Kaonen) gibt. Das hat sehr dazu beigetragen, das $K^0$ vom $\overline{K}^0$ zu unterscheiden und damit einige Verwirrung zu beseitigen, die zunächst aufgetreten war. Wie man sieht, unterscheiden sich die beiden $K$-Dubletts in ihrer Strangeness um nicht weniger als zwei Einheiten. Bei den Baryonen sind besonders bemerkenswert das $\Lambda^0$ und $\Sigma^0$, die beide ungeladen sind und gleiche Strangeness, daher auch das gleiche $T_3$ besitzen. Es zeigte sich aber, daß beide ganz verschiedene Teilchen sind, das $\Lambda^0$ für sich allein ein Isospin-Singulett ($T = 0$) ist, während $\Sigma^0$ einem Isospin-Triplett ($T = 1$) angehört. Analoges gilt für $\eta^0$ und $\pi^0$ in der Gruppe der Mesonen. Die Sicherstellung des $\Xi$-Dubletts für die Baryonengruppe ist auch erst nach vielen mühevollen Untersuchungen gelungen; hier glaubte man zunächst, ein Triplett gefunden zu haben und erkannte erst später, daß das dritte, positiv geladene Teilchen in Wahrheit das Antiteilchen zu $\Xi^-$ ist.

Die hier zusammengestellten Ergebnisse werden besonders übersichtlich, wenn man die Teilchen nach den Quantenzahlen $T_3$ und $Y$ angeordnet aufzeichnet, wie dies in Abb. 24 getrennt für die acht Baryonen und die acht Mesonen geschehen ist. Die verschiedenen hierin enthaltenen Isospin-Multipletts bilden gemeinsam ein *Oktett* von offensichtlich regelmäßiger Struktur, zu dessen Zustandekommen Isospin und Hyperladung gemeinsam beitragen und das man auch als ein *Supermultiplett* bezeichnet.

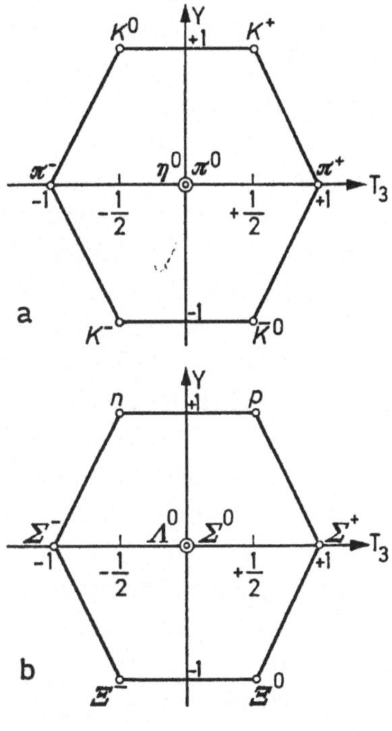


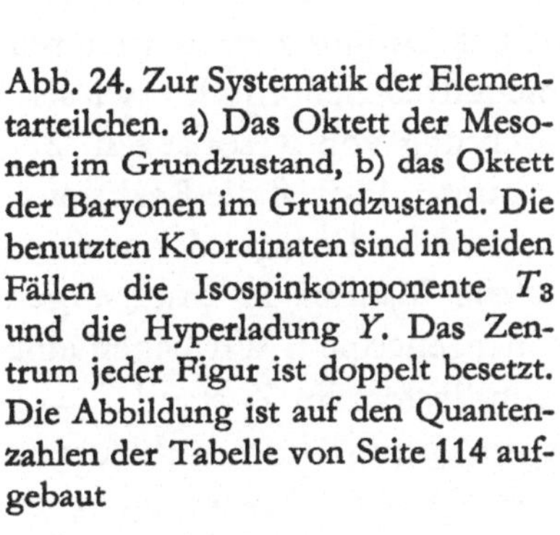


Abb. 24. Zur Systematik der Elementarteilchen. a) Das Oktett der Mesonen im Grundzustand, b) das Oktett der Baryonen im Grundzustand. Die benutzten Koordinaten sind in beiden Fällen die Isospinkomponente $T_3$ und die Hyperladung $Y$. Das Zentrum jeder Figur ist doppelt besetzt. Die Abbildung ist auf den Quantenzahlen der Tabelle von Seite 114 aufgebaut

Solche Regelmäßigkeiten sind zu ausgeprägt, um zufällig zu sein. Man hat daher nach einem mathematischen Hintergrund dafür gesucht und ihn zu Beginn der sechziger Jahre gefunden. Dabei hat man sich natürlich von den Erfahrungen bei den gut bekannten Spin-Multipletts der Atomelektronen leiten lassen, bei denen die *Zahl* der Komponenten aus viel allgemeineren Eigenschaften der Atome entnommen werden kann als ihre *Lage* hinsichtlich der Energie. Letztere setzt eine genaue Kenntnis der wirkenden Kräfte voraus, erstere nur sehr allgemeine Symmetrieeigenschaften, wie, ob es sich um Zentralkräfte handelt und dergleichen. Die bei den Elementarteilchen gefundenen Regelmäßigkeiten gestatten daher, auch allgemeine Symmetrieeigenschaften der starken Wechselwirkung abzulesen, nicht aber quantitative Aussagen z. B. über die Verschiedenheit der Teilchenmassen zu machen. Daß sich diese voneinander unterscheiden, wie es die Tabelle zeigt, entspricht der Aufspaltung der Spin-Multipletts bei den Atomelektronen. Bei letzteren ist diese Aufspaltung sehr klein und wird daher als Feinstruktur bezeichnet; sie bedeutet daher nur sehr geringfügige Abweichungen der Wirklichkeit von den Symmetrieeigenschaften, welche die Multiplettstruktur erzeugen. Die Massen der Baryonen unterscheiden sich sehr viel stärker untereinander, noch viel mehr aber die der Mesonen, so daß auch die gewonnenen Symmetrieeigenschaften viel weniger exakt erfüllt sind als bei den Atomelektronen. Man spricht daher auch von „gebrochener" Symmetrie.

Trotzdem hat sich die mathematische Theorie der Supermultipletts als ein nützliches Instrument zur Ordnung auch weiteren experimentellen Materials der Elementarteilchenphysik erwiesen. Dabei handelt es sich um die Beobachtung von Resonanzen. Beobachtet man nämlich für einen bestimmten Prozeß die Reaktionswahrscheinlichkeit in Abhängigkeit von der Energie der stoßenden Teilchen, so findet man oft steile Maxima in einer engen Umgebung einer bestimmten „Resonanzenergie". Wir haben eine solche *Resonanz* für das Nukleon-Pion-System im Zustand $T = \frac{3}{2}$ bereits auf Seite 117 kennengelernt; sie tritt in vier verschiedenen Ladungszuständen von $Q = +2$ für $p + \pi^+$ bis hinunter zu $Q = -1$ für $n + \pi^-$ auf und bildet das sogenannte $\Delta$-Quartett. Solche Resonanzen sind auch im Bereich der gewöhnlichen Quantenmechanik, z. B. bei den Atomkernen wohlbekannt und deuten stets auf die Bildung eines relativ langlebigen Zwischenzustandes hin, der durch die Vereinigung der beiden Reaktionspartner entsteht und nach einer Weile in die schließlich auseinanderfahrenden Teilchen zerfällt. Dabei läßt sich die Lebensdauer des Zwischenzustandes an der Breite des Resonanzbereichs ablesen; je schmaler sein Energiebereich, um so langlebiger ist er.

Von einem echten Elementarteilchen, wie sie in der Tabelle zusammengestellt sind, unterscheidet sich eine Resonanz dadurch, daß für ihren Zerfall die Auswahlregeln der starken Kopplung zutreffen, d.h. daß bei einer Reaktion, die über einen solchen Zwischenzustand abläuft, Anfangs- und Endzustand nach den hier ausführlich besprochenen Regeln verknüpft sind. Wir sahen bereits, daß für den Zerfall der echten Elementarteilchen andere Auswahlregeln gelten und eine andere, viel schwächere Kopplung verantwortlich ist. Dementsprechend sind auch die Lebensdauern der Resonanzen viel kürzer als die der echten Teilchen, die i. a. etwa $10^{-10}$ sec oder mehr betragen.

Auch diese Resonanzen lassen sich genau wie die Teilchen nach den Quantenzahlen $T_3$ und $Y$ ordnen. Die mathematische Theorie dieser Ordnung läßt verschiedene geometrische Figuren zu, außer den Oktetts die einfacheren Tripletts (deren Auftreten in der Natur als sogenannte „Quarks" noch immer kontrovers ist), vor allem aber kompliziertere Strukturen aus 10, 27 oder mehr Komponenten. Hier ist nun vor einigen Jahren die Vervollständigung eines solchen Multipletts von 10 zusammengehörigen angeregten Zuständen gelungen, in dem nicht nur zum ersten Male ein Elementarteilchenzustand mit der Ladung 2 vorkommt (rechte obere

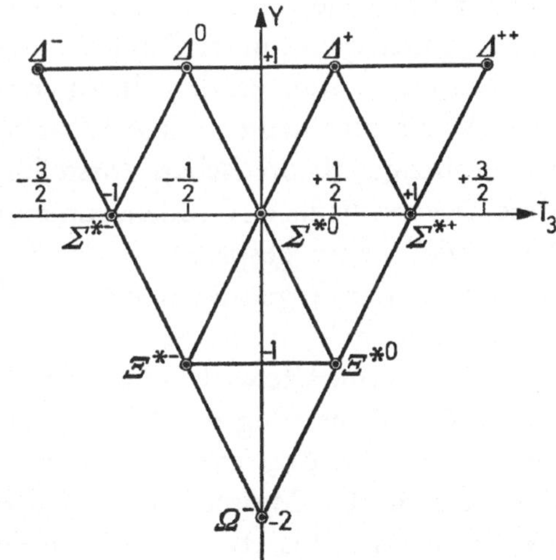


Abb. 25. Ein Dekuplett angeregter Baryonen-Zustände. Die Koordinaten sind die gleichen wie in Abb. 24. Das zu $Y = 1$ gehörige Isospinquartett, das mit $\Delta$ bezeichnet ist, wird gedeutet als angeregte Zustände des Nukleons („Resonanz"). Es enthält einen negativ geladenen ($\Delta^-$) und einen doppelt positiv geladenen ($\Delta^{++}$) Zustand. Das $\Omega^-$ an der unteren Spitze wurde aufgrund dieser Konstruktion gesucht und gefunden

Ecke von Abb. 25, $\Delta^{++}$ genannt), sondern dessen untere Spitze bei $Y = -2$ zum ersten Male geleitet durch die mathematische Systematik entdeckt wurde. Dies Gebilde erwies sich freilich als langlebig wie ein echtes Elementarteilchen, denen es daher gemeinhin unter dem Namen $\Omega$-Teilchen zugerechnet wird. Der Grund dafür ist freilich etwas oberflächlich: Seine Masse ist zu klein, um den schnellen Zerfall eines angeregten Zustandes zu ermöglichen, so daß es nur über den langsameren Zerfallsweg der echten Teilchen zerfallen kann. Wir sollten daher wohl besser sagen, daß es kein Teilchen, sondern ein angeregter Baryonenzustand ist, wie das ganze in Abb. 25 gezeigte „Dekuplett".


Diese kurze Skizze unseres heutigen Wissens über die elementaren Bausteine der Materie hat uns bis an die vorderste Front der Forschung herangebracht. Wenn wir daher an dieser Stelle innehalten müssen, so mag es wohl angebracht sein, einen kurzen Blick auf den Weg zurückzuwerfen, den wir in diesem Buche gegangen sind.

Es ist ein weiter Weg gewesen, den wir zurückgelegt haben, ein weiter Weg in zweifacher Hinsicht.

Rein *zahlenmäßig* umfaßt allein der Bereich erforschter Strukturen der Materie nahezu 11 Zehnerpotenzen von den chemischen Bindungsenergien einiger Zehntel eV bis zu den in der Elementarteilchenphysik auftretenden Energien von mehr als zehn Milliarden eV. Es gibt keine andere Wissenschaft, die gleichzeitig mit einem einzigen theoretischen Vorstellungsbild einen so gewaltigen Bereich verschiedener Größenordnungen zu umspannen vermag. Noch viel weiter gespannt ist der Bereich der räumlichen Abmessungen der Gegenstände der Physik, besonders wenn wir die Astronomie einbeziehen, in der ja die gleichen Gesetze wirksam sind: Die Kernkräfte wirken über Abstände von einigen $10^{-13}$ cm; die größte Abmessung des Milchstraßensystems, dem unser Sonnensystem angehört, ist etwa $10^{23}$ cm. Noch weiter gespannt ist der Bereich der Massen vom Elektron, dessen Masse knapp $10^{-27}$ g beträgt, bis etwa zur Masse der Sonne von $2 \cdot 10^{33}$ g.

Weiter noch und imposanter ist wohl der *begriffliche* Weg, der von naiven, anschaulichen Vorstellungen ausgehend, sich immer mehr von diesen klassischen Bildern gelöst hat und, zuerst in der Relativitätstheorie, dann stärker noch in der Quantentheorie zu einer abstrakten Darstellung fortgeschritten ist, wie sie keine andere Wissenschaft außer der Mathematik selbst kennt. Auf diesem Wege ist nicht Galilei, sondern Newton der eigentliche Begründer der Physik geworden, und auf seinem Werk und in seinem Geiste ist jenes Gebäude der physikalischen Wissenschaften errichtet, das uns seit dem Beginn dieses Jahrhunderts einen Reichtum an Erkenntnis geschenkt hat, wie ihn sich vordem keiner hätte träumen lassen.

Damals hat der Göttinger Mathematiker David Hilbert, der Begründer der modernen axiomatischen Mathematik, allem Pessimismus sein Bekenntnis entgegengestellt: „Es gibt kein Ignorabimus; wir wollen wissen, und wir werden wissen!" Dieser Ausspruch fällt in die Periode, in der die theoretische Physik ganz im Banne der entstehenden Relativitätstheorie stand, zu deren mathematischer Durchdringung Hilbert selbst entscheidend beigetragen hat. Das halbe Jahrhundert, das seither verflossen ist, hat die Quantentheorie und mit ihr die begriffliche Durchdringung der Struktur der Materie von den Atomen bis zu den Elementarteilchen gebracht. Es ist zu einer alle Erwartungen übertreffenden Bestätigung der Hilbertschen Prognose geworden. Deshalb sind wir Physiker mehr denn je davon überzeugt, auf dem rechten Wege zu sein, auch wenn manchmal die vor uns liegenden Schwierigkeiten unüberwindlich scheinen. Unser Ziel bleibt dabei an die Stelle der heutigen mathematischen Strukturen ein einheitliches — zweifellos mathematisches — Schema von Begriffen zu setzen, in dem wir alle materiellen Strukturen von den Elementarbausteinen bis zum Kosmos verstehen können.

# Anhang

*Kurzbiographien und Erklärungen wichtiger Begriffe*

*Alkaliatome* sind die Atome der einwertigen Metalle Natrium, Kalium, Rubidium, Caesium.

*Benzolring.* Benzol hat die chemische Formel $C_6H_6$. Die sechs Kohlenstoffatome sind in einem regelmäßigen Sechseck angeordnet. An jedem hängt ein H-Atom. Da Kohlenstoff vierwertig ist, bleiben drei Bindungen frei, um die Verbindung zu den beiden Nachbarn im Ring herzustellen. Kekulé hatte diese Struktur zuerst aufgefunden und angenommen, daß im Ring einfache und doppelte Bindungen abwechseln, was sich aber nicht als korrekte Beschreibung erwies. Hückel konnte zeigen, daß das übliche Valenzstrichbild der Chemie eine zu weitgehende Schematisierung ist, die beim Benzol nicht angewandt werden sollte.

*Beschleunigung* heißt die Änderung der Geschwindigkeit in der Zeiteinheit. Sie ist eine gerichtete Größe (ein Vektor). Auch wenn die Größe der Geschwindigkeit erhalten bleibt und sich nur ihre Richtung ändert, sprechen wir von einer beschleunigten Bewegung. Beispiel: Gleichförmige Bewegung auf einem Kreis; die Beschleunigung zeigt hierbei stets zum Mittelpunkt hin (Zentripetal-Beschleunigung).

*Beugung.* Geht ein Lichtstrahl durch eine enge Öffnung hindurch, so gehen von allen Punkten der Öffnung Lichterregungen aus, die sich allseitig ausbreiten (Huygenssches Prinzip). Die Überlagerung (s. Interferenz) dieser Erregungen führt zu einer weitgehenden, aber nicht völligen Auslöschung des Lichtes außerhalb des Strahls, die man als Beugung oder Diffraktion bezeichnet. Sie ist eine Folge des Wellencharakters des Lichtes.

*Bremsstrahlung.* Fällt ein Kathodenstrahl (s. dort) auf eine Materieschicht (die Anode), so werden die Elektronen in der Materie abgelenkt. Nach den Gesetzen der Elektrodynamik strahlt jede beschleunigt bewegte Ladung elektromagnetische Schwingungen ab. Die von den Elektronen auf diese Weise erzeugten Schwingungen sind Röntgenstrahlen; die Energie hierfür wird durch Verlangsamung der Elektronen aufgebracht, daher der Name Bremsstrahlung. Diese Strahlung hat ein kontinuierliches Spektrum, dessen höchste Frequenz durch $h\nu = eU$ gegeben ist und erreicht wird, wenn ein Elektron seine ganze kinetische Energie $eU$ in ein einziges Lichtquant $h\nu$ hineinsteckt. Dies ist eine der grundlegenden Beobachtungen für die Quantentheorie des Lichtes.

*Edelgase* haben besonders stabile Atome mit abgeschlossenen Elektronenschalen. Sie verhalten sich chemisch inaktiv, bilden also keine Moleküle. Die Edelgase sind Helium, Neon, Argon, Krypton, Xenon, Radon.

*Elastizität.* Die Formänderungen eines festen Körpers unter der Einwirkung äußerer Kräfte werden als elastisch bezeichnet, wenn sie nach Wegnahme der Kräfte wieder verschwinden. Andernfalls spricht man von Plastizität. Man unterscheidet isotrope Körper, die keinerlei Vorzugsrichtungen haben, und anisotrope, z.B. Kristalle. In isotropen Körpern gibt es nur zwei Arten elastischer Formänderung, nämlich Kompression unter Druckeinwirkung und scherende Verformung. Im ersten Fall wird ein Würfel zu einem kleineren Würfel zusammengepreßt, im zweiten Fall geht er in ein Parallelepiped (ein Quadrat in einen Rhombus) über. Das Zurückfedern aus der Verformung kann elastische Wellen in dem Körper hervorrufen, und zwar sind die Kompressionswellen stets longitudinal, d.h. die Teilchen schwingen in der Fortpflanzungsrichtung der Welle, während Scherungswellen stets transversal sind, d.h. aus Schwingungen senkrecht zur Fortpflanzungsrichtung bestehen. — Eine ideale Flüssigkeit und ein Gas leisten nur Widerstand gegen Kompression, nicht gegen Scherung; deshalb treten in ihnen nur Longitudinalwellen auf (Schallwellen). Die umgekehrten Eigenschaften mußte man in der elastischen Äthertheorie des Lichtes dem Äther zuschreiben.

*Elementarladung.* Das Elektron trägt die elektrische Ladung $-e$, das Proton $+e$, wobei $e = 1{,}60 \cdot 10^{-19}$ Coulomb die Elementarladung heißt. Ein Atomkern, der $Z$ Protonen enthält, hat daher die Ladung $+Ze$ und kann, um ein Atom zu bilden, $Z$ Elektronen festhalten. Fehlt ein Elektron, so bleibt ein einfach positiv geladenes Ion der Ladung $+e$ zurück, fehlen zwei Elektronen, so trägt das Ion insgesamt die Ladung $+2e$ usw. Alle bekannten Elementarteilchen sind entweder ungeladen oder tragen die Ladung $+e$ oder die Ladung $-e$. Angeregte Zustände von Elementarteilchen mit ganzen Vielfachen hiervon sind ebenfalls bekannt. Die sogenannten „Quarks“ mit Ladungen $+\frac{2}{3}e$ und $-\frac{1}{3}e$, deren Existenz vermutet, aber nicht nachgewiesen wurde, würden im Rahmen der in Kapitel 9 behandelten Systematik möglich sein. Sie wären dann die einzige Ausnahme von der Ganzzahligkeit.

*Feinstrukturkonstante* heißt die dimensionslose Größe $\dfrac{e^2}{\hbar c} = \dfrac{1}{137}$ ($e =$ Elementarladung, $\hbar =$ Wirkungsquantum, $c =$ Lichtgeschwindigkeit).

*Feldstärke.* Die Stärke eines Kraftfeldes, bezogen auf eine geeignete Einheit. In einem elektrischen Felde wird auf einen Körper, der die Ladung $q$ trägt, eine zu dieser Ladung proportionale Kraft $\vec{K} = q\vec{E}$ ausgeübt. Der Vektor $\vec{E}$ ist für das Feld charakteristisch und heißt die elektrische Feldstärke ($=$ Kraft auf die Einheitsladung). Im Schwerefeld an der Erdoberfläche erfährt ein Körper der Masse $m$ eine nach unten gerichtete Kraft $K = mg$.

Die Größe $g = 980$ cm/sec$^2$ ist daher die Feldstärke des Schwerefeldes; sie ist identisch mit der Fallbeschleunigung.

*Feldvektor.* Da eine Feldstärke (s. dort) ein Vektor ist, wird sie oft auch als Feldvektor bezeichnet.

*Frequenz* s. Schwingung.

*Galileo Galilei,* 1564—1642, wird gern als der Vater der Experimentalphysik bezeichnet. Seine Hauptwerke lagen zunächst auf dem Gebiet der Astronomie, wo er als eifriger Verfechter des kopernikanischen Systems zweimal in Inquisitionsprozesse verwickelt wurde. Erst in seinen letzten Lebensjahren erschien sein für die Physik bedeutendstes Werk, die „Discorsi".

*Geschwindigkeit.* Sie ist eine gerichtete Größe, das einfachste Beispiel eines Vektors. Zwei Geschwindigkeiten, die verschiedene Richtung haben (z. B. Fluggeschwindigkeit und Luftgeschwindigkeit für ein Flugzeug), werden nach der Parallelogramm-Regel addiert. Die Komponente einer Geschwindigkeit in einer gegebenen Richtung erhält man, indem man sie senkrecht auf diese Richtung projiziert (Abb. 26: $x$- und $y$-Komponenten von $\vec{v}$: $v_x$ und $v_y$).

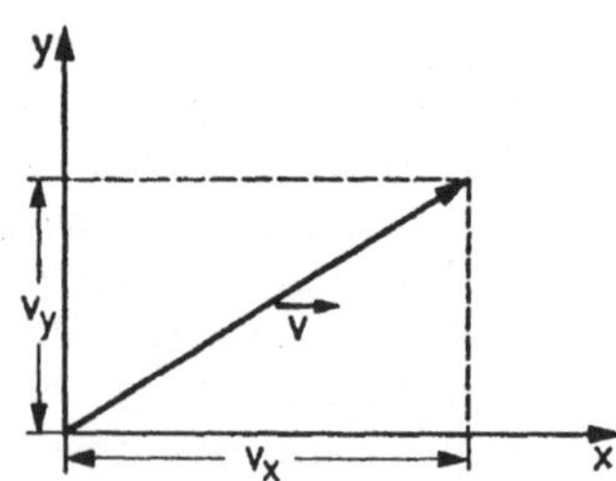


Abb. 26. Vektorkomponenten

*Guericke,* Otto von, 1602—1686, Bürgermeister von Magdeburg. Er konstruierte 1650 die erste Luftpumpe und führte 1654 auf dem Reichstag in Regensburg sein berühmtes Schauexperiment der „Magdeburger Halbkugeln" vor: Zwei metallene Halbkugeln von 60 cm Durchmesser wurden luftdicht zusammengefügt, das Innere ausgepumpt und sodann auf beiden Seiten Pferde vorgespannt. Selbst 12 Pferden auf jeder Seite gelang es nicht, die beiden Hälften gegen den äußeren Luftdruck zu trennen, bis er einen Hahn aufdrehte und die Pferde durcheinander stürzten.

*Huygens,* Christian, 1629—1695. Er konstruierte die erste brauchbare Penduluhr und studierte die Stoßgesetze, wobei er für einfache Fälle den Impulssatz auffand. Seine optischen Arbeiten sind im „Traité de la lumière" (1678) zusammengefaßt; sie enthalten die ersten Ansätze zu einer Wellentheorie des Lichtes.

126

*Impuls* heißt das Produkt aus Masse und Geschwindigkeit eines Körpers. Er ist ein Vektor. Als Gesamtimpuls eines Systems mehrerer Körper bezeichnet man die nach der Parallelogramm-Regel gebildete Summe der einzelnen Impulse. Wirkt keine äußere Kraft auf ein solches System, so bleibt sein Gesamtimpuls im Laufe der Zeit unverändert (Impulssatz). Einfachstes Beispiel: Zusammenstoß zweier Teilchen.

*Interferenz*. Überlagern sich zwei Wellenzüge der gleichen Wellenlänge, so kann dabei entweder Wellenberg des einen und Wellenberg des anderen (bzw. Tal und Tal) zusammenfallen, so daß sie sich gegenseitig verstärken, oder es fällt Wellenberg auf Wellental, dann löschen sie sich gegenseitig aus. In Abb. 27 sind zwei Wellenfronten skizziert, die sich schräg durchdringen; die stark ausgezogenen Linien sollen Berge, die stark gestrichelten Täler andeuten. Dann entsteht längs der schwach ausgezogenen Linien Verstärkung, längs der schwach gestrichelten aber Auslöschung. Wären es Lichtwellen, so würden wir daher abwechselnd helle und dunkle Streifen längs der schwachen Linien beobachten. Dies Phänomen der Interferenz ist eines der charakteristischsten für Wellenerscheinungen.

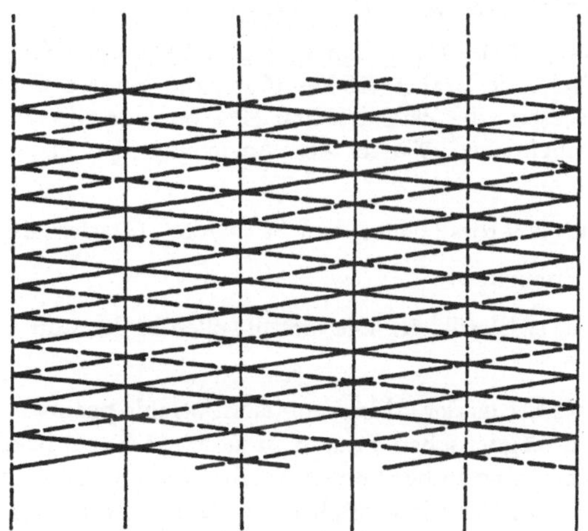

Abb. 27. Interferenz zweier Wellenzüge

*Isotop*. Die Ladung eines Atomkerns ist durch die Anzahl seiner Protonen gegeben; sie legt den Bau der Elektronenhülle und damit die chemischen Eigenschaften fest. Außerdem enthält der Atomkern noch eine ungefähr gleichgroße, bei schweren Kernen sogar merklich größere Anzahl von Neutronen, die nicht zur Ladung, wohl aber zur Masse beitragen. Kerne mit gleicher Protonenzahl, aber verschiedenen Neutronenzahlen heißen isotop, weil sie bei verschiedenen Atomgewichten den *gleichen Platz* im periodischen System der chemischen Elemente einnehmen.

*Kanalstrahlen.* Bohrt man in eine metallische Kathode einen Kanal, so werden durch diesen in der zum Kathodenstrahl entgegengesetzten Richtung positive Ionen in Bewegung gesetzt, die man zu einem Strahl beschleunigen kann, der seinen Namen von diesem Kanal erhielt. Heute werden im allgemeinen ganz andere Methoden zur Erzeugung von Strahlen positiver Ionen angewandt.

*Kathodenstrahl* nannte man ursprünglich jeden Strahl aus Elektronen. Aus einer glühenden Metallfläche können Elektronen austreten; setzt man diese „Glühkathode" ins Vakuum, so werden sie nicht sofort von der umgebenden Luft wieder eingefangen. Legt man zwischen dieser Elektronenquelle als Kathode und einer anderen Metallfläche (der Anode) im Vakuum eine elektrische Spannung an, so erfahren die Elektronen eine Beschleunigung und bilden einen auf die Anode hin gerichteten Strahl. Ist $U$ die angelegte Spannung und $e$ die Ladung des Elektrons, so erreichen diese an der Anode die kinetische Energie $eU$. Da man $U$ in Volt mißt, bezeichnet man die von der Spannung $U = 1$ Volt erzeugte Elektronen-Energie auch als 1 eV (= Elektronenvolt). Dies ist die gebräuchlichste Energieeinheit der Atomphysik. Bei 1 eV Energie hat ein Elektron bereits eine Geschwindigkeit von 600 km/sec.

*Kepler*, Johannes, 1571—1630. Ihm gelang, fußend auf dem Beobachtungsmaterial Tycho de Brahes (1546—1601), die saubere Formulierung der Bewegungsgesetze der Planeten. Erst Newton leitete diese Gesetze sodann aus der einheitlichen Wurzel der Anziehung der Planeten durch die Sonne ab.

*Komponente* eines Vektors: Unter dem Stichwort „Geschwindigkeit" erklärt.

*Kompression* s. Elastizität.

*Longitudinalwellen* s. Elastizität. Die Schallwellen in der Luft sind rein longitudinal.

*Massenspektrograph.* Aus der Ablenkung eines Strahls positiver Ionen in elektrischen und magnetischen Feldern ist es möglich, bei bekannter Ladung die Masse der Ionen zu bestimmen. Solche Messungen sind heute in vielen Fällen mit hoher Präzision möglich und haben die genauesten Werte für die Massen der Atomkerne geliefert. Auf diesem Wege wurden auch deren Massendefekte zuerst entdeckt.

*Maxwell*, James Clark, 1831—1879, hat, den Ideen Faradays (1791—1867) folgend, die Feldtheorie des elektromagnetischen Feldes entwickelt, die die Einbeziehung der Optik ebenso zuließ wie die Eingliederung der erst später entdeckten elektrischen Wellen (Radiowellen, Heinrich Hertz, 1887) und Röntgenstrahlen (1895, s. dort).

*Millikan*, R. A. (1868—1953) bestimmte zuerst 1910 die Größe der elektrischen Elementarladung $e$, indem er die Fallbewegung elektrisch geladener Öltröpfchen unter dem Mikroskop verfolgte und durch angelegte elektrische Felder veränderte.

*Newton*, Sir Isaac, 1642—1727. Einer der größten mathematischen Physiker aller Zeiten und der eigentliche Begründer der neuzeitlichen Physik. Sein berühmtestes Werk, die „mathematischen Prinzipien der Naturphilosophie" (1687) enthält die noch heute gültige Erklärung der Keplerschen Gesetze. Seine Experimente zur Natur des Lichtes, die besonders dessen spektrale Zerlegung betreffen, sind in dem Buch „Opticks" (1704) dargestellt, das Goethe in seiner „Farbenlehre" zu widerlegen versuchte. Die Optik enthält als Anhang 31 „Queries" (Fragen), die sich mit damals ungelösten Problemen beschäftigen und besonders interessante Einblicke in Newtons Denken gewähren. Die Behauptung, Huygens habe die Wellennatur, Newton den korpuskularen Charakter des Lichtes verfochten, ist eine jener terribles simplifications, die auch in den Naturwissenschaften gelegentlich die Dinge auf den Kopf stellen. Eines der wichtigsten Kriterien für den Wellencharakter, nämlich die periodische Struktur, ist bei Newton vorhanden und fehlt bei Huygens.

*Photoeffekt.* Hallwachs fand 1888, daß bei Bestrahlung einer Zinkplatte mit ultraviolettem Licht Elektronen aus der Platte austreten. Dies ist ein besonderer Fall des allgemeinen Phänomens, daß ein Atom ein Lichtquant absorbieren kann und die ihm so zugeführte Energie von einem einzigen Elektron übernommen wird, das damit seine Bindung an das Atom überwindet und ausgeschleudert wird.

*Polarisation des Lichtes.* Das Licht ist eine Transversalwelle (s. dort). Die elektrische Feldstärke kann dann innerhalb einer Ebene senkrecht zur Fortpflanzungsrichtung noch jede Richtung einnehmen. Treten in einem Lichtstrahl alle diese Richtungen gleich wahrscheinlich auf, so heißt er unpolarisiert, zeigt die Feldstärke stets in die gleiche Richtung, so heißt er vollständig (linear) polarisiert. Alle Übergänge dazwischen sind möglich.

*Radioaktivität* heißt die Eigenschaft von Atomkernen, instabil zu sein und mit einer jeweils charakteristischen Lebensdauer spontan in andere überzugehen, wobei manche Arten ein $\alpha$-Teilchen (= Heliumkern), die meisten ein Elektron oder Positron ausschleudern (Betastrahlung).

*Röntgenstrahlen.* Die übliche Erzeugung erfolgt als Bremsstrahlung (s. dort). Es sind elektromagnetische Schwingungen, deren Wellenlänge etwa um $10^{-8}$ cm herum liegt; bei dieser Wellenlänge ist die Quantenenergie etwa 10 000 eV. — Außer der Bremsstrahlung werden auch Spektrallinien in diesem Wellenlängenbereich emittiert, die ein besonders wertvolles Auskunftsmittel über die Bindungsenergie der innersten Elektronen schwerer Atome sind.

*Scherung* s. Elastizität.

*Schwingung* heißt jeder in der Zeit periodische Vorgang. Ist er gleichzeitig mit einer Ausbreitung im Raum verbunden, so heißt er eine Welle. Die charakteristische Größe einer Schwingung ist ihre Frequenz, d.h. die Zahl der Wiederholungen des Vorganges in der Zeiteinheit.

*Spektrum.* Zerlegt man Licht durch ein Prisma oder ein Beugungsgitter nach den Farben des Regenbogens, so entsteht ein Spektrum. Diese Zerlegung erweist sich bei näherer Untersuchung als eine Zerlegung nach Frequenzen (s. Schwingung). Das Spektrum kann kontinuierlich sein; dies erhält man bei glühenden Körpern und der Sonne. Es kann auch aus einzelnen „Spektrallinien" von scharfer Frequenz zusammengesetzt sein; von dieser Art sind besonders die Atomspektren. Der ursprünglich nur für sichtbares Licht geprägte Begriff wird heute für jede Zerlegung von Strahlen nach ihrer Frequenz, aber auch nach ihrer Energie oder anderen Parametern verwendet.

*Spin.* Ein Elektron läßt sich für die meisten Fragestellungen hinreichend gut als elektrisch geladener Massenpunkt mit der charakteristischen Ladung $-e$ und Masse $m$ beschreiben. Bei der Untersuchung der Feinstruktur der Atomspektren zeigte sich, daß es außerdem einen charakteristischen Drehimpuls der Größe $\frac{1}{2}\hbar$ und ein dazu parallel gerichtetes magnetisches Moment der Größe $-\dfrac{e\hbar}{2mc}$ besitzt. Dieser Drehimpuls, der nichts mit der Bahnbewegung des Elektrons zu tun hat, heißt sein *Spin*. Auch andere Teilchen als Elektronen können einen Spin besitzen, z.B. die in der Tabelle auf Seite 114 aufgeführten Baryonen.

*Trägheitsprinzip.* Es besagt, daß sich der Bewegungszustand eines Körpers (d.h. Richtung und Größe seiner Geschwindigkeit) nicht ändert, wenn keine Kraft auf ihn einwirkt.

*Transurane* sind Elemente mit mehr als 92 Elektronen. Sie kommen in der Natur nicht vor. Ihre Atomkerne lassen sich durch Kernumwandlungen künstlich herstellen. Sie sind sämtlich instabil mit charakteristischen, zum Teil langsamen radioaktiven Zerfällen. Das bekannteste Transuran ist das Plutonium mit 94 Elektronen, das in der Reaktortechnik eine Rolle spielt.

*Transversalwellen* sind solche, bei denen die schwingende Größe senkrecht zur Fortpflanzungsrichtung steht. Das ist bei Lichtwellen der Fall, wo die periodisch veränderliche elektrische und magnetische Feldstärke senkrecht zur Fortpflanzungsrichtung stehen. (Außerdem sind beide zueinander senkrecht.) Bei den elastischen Wellen steht im Falle von Scherungswellen die periodisch veränderliche Verschiebung der Teilchen senkrecht auf der Fortpflanzungsrichtung, siehe auch Elastizität.

*Vektor.* Eine gerichtete Größe heißt ein Vektor, wenn zwei solche Größen nach der Parallelogramm-Regel addiert werden. Beispiele: Geschwindigkeit, Beschleunigung, Kraft.

*Wärmestrahlung* heißt die von glühenden Körpern emittierte Strahlung. Sie hat ein kontinuierliches Spektrum (s. dort), dessen Schwerpunkt mit steigender Temperatur zu immer kürzeren Wellenlängen hin rückt (von Rotglut nach Weißglut: Wiensches Verschiebungsgesetz). Hieraus kann man z.B. die Oberflächentemperatur der Sonne (6000°) und der Fixsterne entnehmen. Die Form des Spektrums konnte erst mit Hilfe der Quantentheorie erklärt werden (Planck 1900).

*Wellenlänge.* Als Welle wird ein räumlich periodischer Vorgang bezeichnet, sofern er gleichzeitig auch zeitlich periodisch, d.h. eine Schwingung (s. dort) ist. Als Wellenlänge bezeichnet man die räumliche Periode, d.h. die nächste Entfernung zweier Punkte, an denen gleichzeitig der gleiche Schwingungszustand besteht.

*Wirkungsquantum.* In alle Formeln der Quantentheorie, welche eine Teilchengröße (z.B. Masse oder kinetische Energie) mit einer Wellengröße (z.B. Frequenz oder Wellenlänge) verknüpfen, geht eine Naturkonstante ein, die zuerst 1900 von Planck eingeführt wurde: $h = 6{,}625 \cdot 10^{-27}$ erg sec. Heute wird meist statt dessen die Größe $h/2\pi = 1{,}054 \cdot 10^{-27}$ erg sec benutzt und mit dem Zeichen $\hbar$ bezeichnet.

*Zentralkraft* heißt eine Kraft, die stets auf einen Punkt im Raume (eben das Zentrum) hin gerichtet ist. Beispiele: Die Anziehung eines Planeten durch die Sonne, des Elektrons im Wasserstoffatom durch den Atomkern.

# Sach- und Namenverzeichnis


absolute Zeit  41
absoluter Raum  22, 41
actio in distans  20, 22
Addition von Geschwindigkeiten
    45
Äquivalenz von Masse und
    Energie  49 f.
Äquivalenzprinzip von Einstein
    54
Äther, Ablehnung durch Lichten-
    berg  28
—, Ablehnung durch Newton
    23, 26 f.
—, Eigenschaften  29 f., 34 f., 125
—, Herkunft des Begriffes  20
— in Maxwells Theorie  31, 33,
    38
Ätherwind  35
Antineutrino  100
Antineutron  101
Antiproton  101
Aristoteles  5 ff.
aristotelische Physik  5—8, 20
Atomistik  65
Atomkerne, Massendefekte  50
—, Struktur  90 ff.
Atomstruktur  86 ff.
Auftrieb  6
Auswahlregel  111

Baryonen  110, 112, 118 f.
—, Übersicht  114
Baryonenzahl  113
Benzolring  85, 124
Beschleunigung  17, 124
— im Fahrstuhl  52, 63
Betazerfall  99 f., 103
Beugung  27, 71, 74, 124
— an einer Kante  27
Beugungsgitter  69
Bindungsenergie  50

Bindungsenergien, atomare  86 f.
—, nukleare  90
Bohr  68
Bremsstrahlung  68, 71, 105, 124

chemische Bindung  84 ff., 91
Comptoneffekt  71 f., 93, 102, 105
Coulombsches Gesetz  91, 107

de Broglie-Relation  70, 76
Dekuplett von Baryonen  121
Descartes  20, 22, 24
Deuteron  92
Diracsche Löchertheorie  97 ff.
Diskuswurf  15 f.
Dissoziation  82
Drehimpuls, Erhaltungssatz  112
Dualismus Welle-Korpuskel  79,
    95

Edelgas  125
Eigenzeit  44
Einsteins allgemeine Relativitäts-
    theorie  50—62
— spezielle Relativitätstheorie
    40—50
Elastizitätstheorie  29, 125, 129
Elektron, Entdeckung  64
—, Ladung  69
Elektronenbeugung  70
Elektronenschalen  87
Elementarladung  69, 125
Elementarteilchen, Übersicht  114
Elemente, aristotelische  6, 20
Energieerhaltung  72, 111
Energiestufen von Molekülen  83 f.
Energiezustände, negative  96 f.,
    103
Erhaltungssätze  72, 111 ff.
Erzeugung von Teilchen  93 ff.,
    100

Fahrstuhl, Beschleunigung  52, 63
Fallbewegung nach Aristoteles  6
Fallgesetze, Abweichungen davon
  13, 14
Fallversuche Galileis  10
Feinstruktur  97, 115, 130
Feinstrukturkonstante  105, 125
Feldstärke  37, 125
Feldtheorien  37
Fermi, Theorie des Betazerfalls
  103
Fernkraft (s. auch actio in distans)
  37
Feynman-Diagramm  105 f.
Frequenz  129

Galilei  10 ff., 126
— -Transformation  45, 63
Gauß  56 f., 63
geodätische Linie  59
Geometrie auf der Kugel  58
—, nichteuklidische  55 ff.
Geometrisierung  55
Geschwindigkeiten, Additions-
  theorem  45
Gleichzeitigkeit  43
Gravitation, Geometrisierung  55
Gravitationsfeldstärke  37, 53, 125
Gravitationsgesetz  18 f., 91
Grenzgesetz  14
Guericke  13, 65, 126

Heisenbergsche Unschärferelation
  76
Heliumatom  80
Himmelsphysik  10
homöopolare Bindung  85, 91
Huygens  20, 21, 26 f., 31, 72, 126
Hyperladung  110, 118
hypotheses non fingo  23, 24

Impulserhaltung  72, 111, 126
Impulsunschärfe  76 f.
Interferenz  29, 71, 127
Ionisierung  82
Isospin  110, 114

Isospin-Multipletts  116 ff.
Isotop  127

Jodatom, Bindungsenergien  87
Jupitertrabanten  19

Kanalstrahlen  128
Kant, sein Raumbegriff  22
Kaon  112, 114, 118
Kathodenstrahlen  64, 67, 69, 128
Kepler  10, 128
Keplersche Gesetze  18
Keplers Trägheitskraft  95
Kern, s. auch Atomkern  88 ff.
Kernkraftfeld  92, 107, 122
Kernmaterie  90
Kernreaktionen  89
kinetische Energie  48
— Gastheorie  66, 67, 91
Konfigurationsraum  80, 102
Konstanz der Lichtgeschwindigkeit
  36, 40
Kontinuumstheorien  65
Kopplungskonstante  104, 106
Korpuskularstrahlen  64, 69
Korpuskulartheorie des Lichts bei
  Newton  27, 30, 68, 71
Kraft  16, 95
— und Stoff, ihre Abgrenzung
  94 ff.
Kraftfeld  37, 60, 91, 95
Kristall als Beugungsgitter  69, 70,
  79
Krümmung des Raumes  59

Ladung des Elektrons  69, 125
—, Erhaltungssatz  111
Ladungsaustausch  117
Lebensdauer  104, 120 f.
Leptonen  110, 112
Licht, dualer Charakter  70 ff., 103
—, Nachweis seines elektromagne-
  tischen Charakters  30
—, Nachweis seiner Wellenstruktur
  29, 69
Lichtgeschwindigkeit  30, 34, 36

Lichtquanten, Einführung durch
      Planck  68
—, konsequente Theorie  102 f.
—, Nachweis durch Compton  71 f.
Lichtenberg  28, 32, 98
Lorentzkontraktion  46, 55
Lorentz-Transformation  45, 63
Loschmidtsche Zahl  66
Luftwiderstand  14 f.

Mach, seine Einstellung zu
      Gedankenexperimenten  51
Masse  17, 49 f., 94 f.
—, träge und schwere  53 f.
Massendefekt  50
Massenpunkt s. Punktmasse
Massenspektrograph  64, 128
materia subtilis  20
Maxwell  30 f., 37, 67, 128
Mechanik, aristotelische  6—8
—, Gesetze von Newton  14—19
mechanistisches Weltbild  21, 31
Mesonen  110, 118 f.
—, Übersicht  114
Michelson-Versuch  35, 40, 42 f.,
      63
Millikan  69, 125, 128
Mitführung des Äthers  34 f.
Modell in der Physik  9
Molekül  83 ff.
Mondbahn  18, 91
Multiplett  115 f., 119 f.
Myon  47, 101, 106

Nahwirkungstheorie  37
negative Energie  96 f., 103
Neutrino  100
Neutron als Kernbaustein  89 ff.
Neutronenbeugung  73, 79
Newton, Kurzbiographie  129
Newtons Einstellung zum Äther
      23, 30
— Gesetze der Mechanik  14—19
— Kraftbegriff  95
— Raumbegriff  22
— rotierender Eimer  51
nichteuklidische Geometrie  55 ff.

Nukleon  90
Nullpunktsschwingung  84

Omega-Teilchen  122
Oktetts von Elementarteilchen
      119
Ortsunschärfe  75 ff.

Paarerzeugung  93 f., 96
Pauliprinzip  98
Pendel  13, 14, 53
Photoeffekt  68, 129
Photon s. Lichtquant
Pion  101, 110, 112, 114
Planck  24
Planetenbewegung  18, 91
Polarisation  29, 71, 129
Positron  93, 98
Positronium  94
Prinzip von actio und reactio  19
Proton  90
Punktmasse  9, 10, 13, 17

qualitas occulta  20 f.
Quantenelektrodynamik  102 ff.
Quantenfeldtheorie  103
Quarks  121, 125
Quellen von Feldern  37
quinta essentia  20

Radioaktivität  49, 88, 99
Rahmentheorie  17
Raumbegriff bei Newton  22
Raumkrümmung  59
Relativierung von Raum und Zeit
      42 ff.
Resonanz bei Elementarteilchen
      117, 120 f.
Röntgenstrahlen  69, 71
Rotverschiebung  61

Schallwellen  33, 125
Scheinkräfte  54, 56, 63
schiefe Ebene  13, 14
Schrödingergleichung  78
schwache Kopplung  104, 106
Schwere, s. Gravitation

schwere Masse  53
Schwingung  129
Sinneseindrücke  39
sinnvolle und sinnlose Fragen  38
Sonne, Ablenkung eines Licht-
    strahls  60
Spalt zur Lokalisierung  74 f.
Spektrallinien  130
Spektrum  130
sphärische Geometrie  58
Spin  110, 112, 115 f., 130
starke Kopplung  107, 110
Störungsmethode  105
Stoßgesetze  72
strangeness  113 f., 117
Struktur eines Atoms  86 ff.
Subtraktionsformalismus  98
Supermultiplett  119
Symmetrie, gebrochene  120

Teilchenbeschleuniger  89, 101
träge Masse  53
Trägheitskraft  95
Trägheitsprinzip  15, 62, 130
Translation  9
Transurane  130
Transversalität der Lichtwellen
    29, 71, 130
Tröpfchenmodell eines Atomkernes
    90

Unschärferelation  75 f.

Vakuum  13, 14
Vakuumphysik  64 ff.
Valenzstriche  85
Vektor  128, 130
Verbindungsgewichte  66
Vertices  105

Wärmestrahlung  68, 71, 130
Wahrscheinlichkeit in der
    Quantenmechanik  78
Wasserstoffatom  68, 78, 80, 86, 91
Welle  129
Wellen, elastische  29, 129
Wellencharakter der Materie
    68, 78 f.
Wellengleichung  78
Wellenlänge  131
Wellentheorie des Lichts bei
    Huygens  27, 68
— des Lichts im 19ten Jahr-
    hundert  29, 68, 71
Weltbild, mechanistisches  21, 31
Weltlinie  40
Wertigkeiten, chemische  83
Wirkungsquantum  61, 70, 71, 77,
    131
Wurfbewegung nach Aristoteles  7

Yukawasche Feldtheorie  92, 107

Zeitdilatation  46—47
Zentralkraft  131
Zweikörperproblem  91 f.
Zyklotron  89

72 P. Lorenzen: Die Entstehung der exakten Wissenschaften
73 N. Arley/H. Skov: Atomkraft
74 G. H. R. v. Koenigswald: Die Geschichte des Menschen
75 P. Buchner: Tiere als Mikrobenzüchter
76 A. Gabriel: Die Wüsten der Erde und ihre Erforschung
77 E. Hadorn: Experimentelle Entwicklungsforschung, im besonderen an Amphibien
78 F. Schaller: Die Unterwelt des Tierreiches
79 B. Peyer: Die Zähne
80 E. J. Slijper: Riesen des Meeres
81 E. Thenius: Versteinerte Urkunden
82 H. Trimborn: Die indianischen Hochkulturen des alten Amerika
83 K. Koch: Das Buch der Bücher
84 H. H. Meinke: Elektromagnetische Wellen 〉
85 J. Fraser: Treibende Welt
86 V. Ziswiler: Bedrohte und ausgerottete Tiere
87 G. Osche: Die Welt der Parasiten
88 S. L. Tuxen: Insektenstimmen
89 F. Henschen: Der menschliche Schädel
90 R. Müller: Die Planeten und ihre Monde
91 C. Elze: Der menschliche Körper
92 E. T. Nielsen: Insekten auf Reisen
93 H. Hölder: Naturgeschichte des Lebens
94 H. Reuter: Die Wissenschaft vom Wetter
95 A. Krebs: Strahlenbiologie
96 W. Schwenke: Zwischen Gift und Hunger
97 K. L. Wolf: Tropfen, Blasen und Lamellen
98 H. W. Franke: Methoden der Geochronologie
99 H. Wagner: Rauschgift-Drogen
100 E. Otto: Wesen und Wandel der ägyptischen Kultur
101 F. Link: Der Mond
102 G.-M. Schwab: Was ist physikalische Chemie? ‹
103 H. Donner: Herrschergestalten in Israel
104 G. Thielcke: Vogelstimmen
105 G. Lanczkowski: Aztekische Sprache und Überlieferung
106 R. Müller: Der Himmel über dem Menschen der Steinzeit
107 W. Braunbek: Einführung in die Physik und Technik der Halbleiter ‹
108 E. R. Reiter: Strahlströme ‹
109 W. E. Kock: Schallwellen und Lichtwellen ‹
110 R. Müller: Sonne, Mond und Sterne über dem Reich der Inka